"十三五"国家重点图书出版规划项目

画说规模散养土鸡

中国农业科学院组织编写
王立春　主编

中国农业科学技术出版社

图书在版编目（CIP）数据

画说规模散养土鸡 / 王立春主编 . — 北京：中国农业科学技术出版社，2017.9

ISBN 978-7-5116-2483-3

Ⅰ . ①画…　Ⅱ . ①王…　Ⅲ . ①鸡—饲养管理—图集图解　Ⅳ . ① S831.4-64

中国版本图书馆 CIP 数据核字（2017）第 210447 号

责任编辑　张国锋
责任校对　贾海霞

出 版 者　中国农业科学技术出版社
北京市中关村南大街 12 号　邮编：100081
电　　话　（010）82106636（编辑室）（010）82109702（发行部）
（010）82109709（读者服务部）
传　　真　（010）82106631
网　　址　http://www.castp.cn
经 销 者　各地新华书店
印 刷 者　北京地大天成印务有限公司
开　　本　880mm × 1 230mm　1 /32
印　　张　4.25
字　　数　122 千字
版　　次　2017 年 9 月第 1 版　2019 年 7 月第 4 次印刷
定　　价　29.8 元

编委会

《画说『三农』书系》

编写人员

《画说规模散养土鸡》

主　　编　王立春
副 主 编　庄桂玉　朱　琳
编写人员　（以姓氏笔画为序）
于艳霞　朱　琳　庄桂玉　刘　东
闫益波　李　童　李长强　李连任
季大平　侯和菊

序言

《画说"三农"书系》

让农业成为有奔头的产业，让农村成为幸福生活的美好家园，让农民过上幸福美满的日子，是习近平总书记的"三农梦"，也是中国农民的梦。

农民是农业生产的主体，是农村建设的主人，是"三农"问题的根本。给农业插上科技的翅膀，用现代科学技术知识武装农民头脑，培育亿万新型职业农民，是深化农村改革、加快城乡一体化发展、全面建成小康社会的重要途径。

中国农业科学院是中央级综合性农业科研机构，致力于解决我国农业战略性、全局性、关键性、基础性科技问题。在新的历史时期，根据党中央部署，坚持"顶天立地"的指导思想，组织实施"科技创新工程"，加强农业科技创新和共性关键技术攻关，加快科技成果的转化应用和集成推广，在农业部的领导下，牵头组建国家农业科技创新联盟，联合各级农业科研院所、高校、企业和农业生产组织，建立起更大范围协同创新的科研机制，共同推动农业科技进步和现代农业发展。

组织编写《画说"三农"书系》，是中国农业科学院在新时期加快普及现代农业科技知识，帮助农民职业化发展的重要举措。我们在全国范围遴选优秀专家，组织编写农民朋友喜欢看、用得上的系列图书，图文并茂地展示最新的实用农业科技知识，希望能为农民朋友充实自我、发展农业、建设农村牵线搭桥做出贡献。

中国农业科学院党组书记 陈萌山

2016 年 1 月 1 日

前言

近年来，“速成鸡”等事件暴露出来的对生物激素和抗生素的滥用，让人们对肉蛋类产品的食品安全越来越重视，加上消费者的营养意识和自我保护意识不断地增强，顾客愿意为更美味、更安全、更健康的食材买单，优质、安全、原生态的鸡肉和鸡蛋产品备受关注，土鸡、土鸡蛋需求量增大。而目前的市场被假的土鸡、土鸡蛋充斥，真正安全又放心的高品质土鸡比较少，所以散养土鸡养殖市场前景广阔。

土鸡耐粗饲，抗病力强，适应性广，人工饲养土鸡报酬率高。据测算，林下散养土鸡比笼养洋鸡节约设施投入成本 30%~50%，节约饲料成本 30%~35%，减少用药 35%~50%。此外，肉用土鸡中的中速三黄鸡、青脚麻鸡、本地黄杂土鸡等杂交改良的新品种，出壳后在地面平养 35~40 天,就可以长到 1 千克以上,可以作为脱温鸡出售。所以土鸡养殖投资小，饲养资金周转较快。

土鸡散养环境空气清新，没有了圈养的粉尘，鸡群产生的应激反应少、环境安静，使放养鸡可以自由地活动、啄食、晒太阳、泥沙浴……活动空间大了，鸡“天天锻炼”，跳跃活动和飞翔能力增强，土鸡的外观品相和肉蛋品质都得到了提高，增加了商品价值。

鸡群能够采食牧草和昆虫等天然饲料,满足了自身的营养需要,降低了饲养成本。通过不断捕食和运动，增强了鸡的体质，加上科学的饲养管理,使得鸡群的各种疾病也大为减少,降低了药费开支。产品安全无公害，迎合了人们崇尚绿色食品的消费需求。与舍饲的禽产品相比，散养土鸡的禽产品具有胆固醇含量低、肉蛋风味物质含量丰富、品质优良等特点。

针对当前各地土鸡散养蓬勃发展，对科学养殖专业知识和先进技术需求迫切的新形势，我们组织了相关人员，根据近年来从事土鸡散养生产实践和科研所积累的资料，精心编著了这本《画说规模散养土鸡》一书。本书从土鸡散养模式、场地选择和设施建造、补充饲料配制、雏鸡育成期管理、土蛋鸡放养及散养土鸡常见病防控等方面，全方位介绍了土鸡散养的规范化操作技术，力求让读者一看就懂，一学就会。在内容编写上，力求语言通俗易懂，操作简明扼要，图示形象直观。这本书既适用于土鸡散养场（户），又可供广大养鸡技术和管理人员参考使用。

由于编者水平所限，不足和纰漏在所难免，请读者在使用中不吝批评指正。

编　者

2017 年 7 月

Contents 目　录

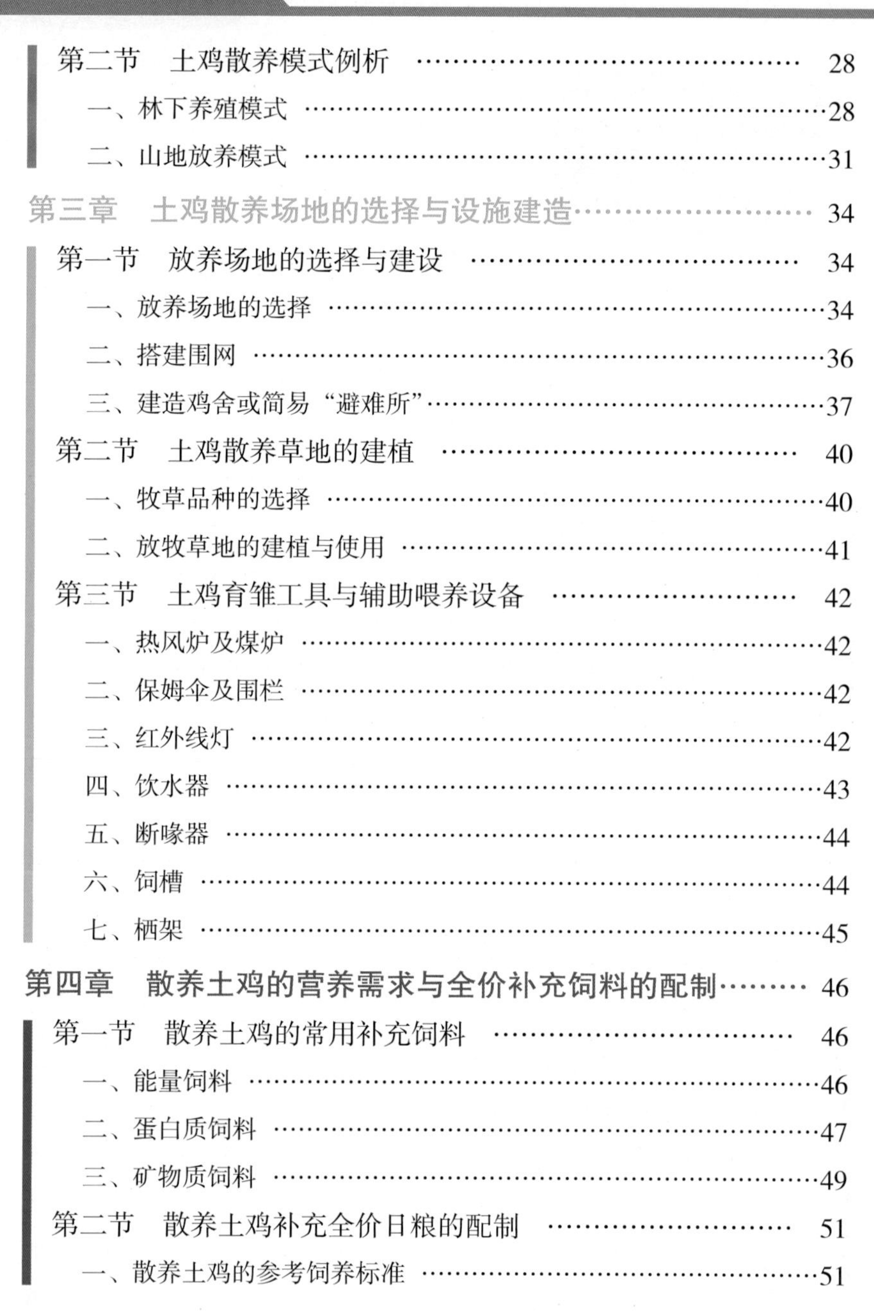

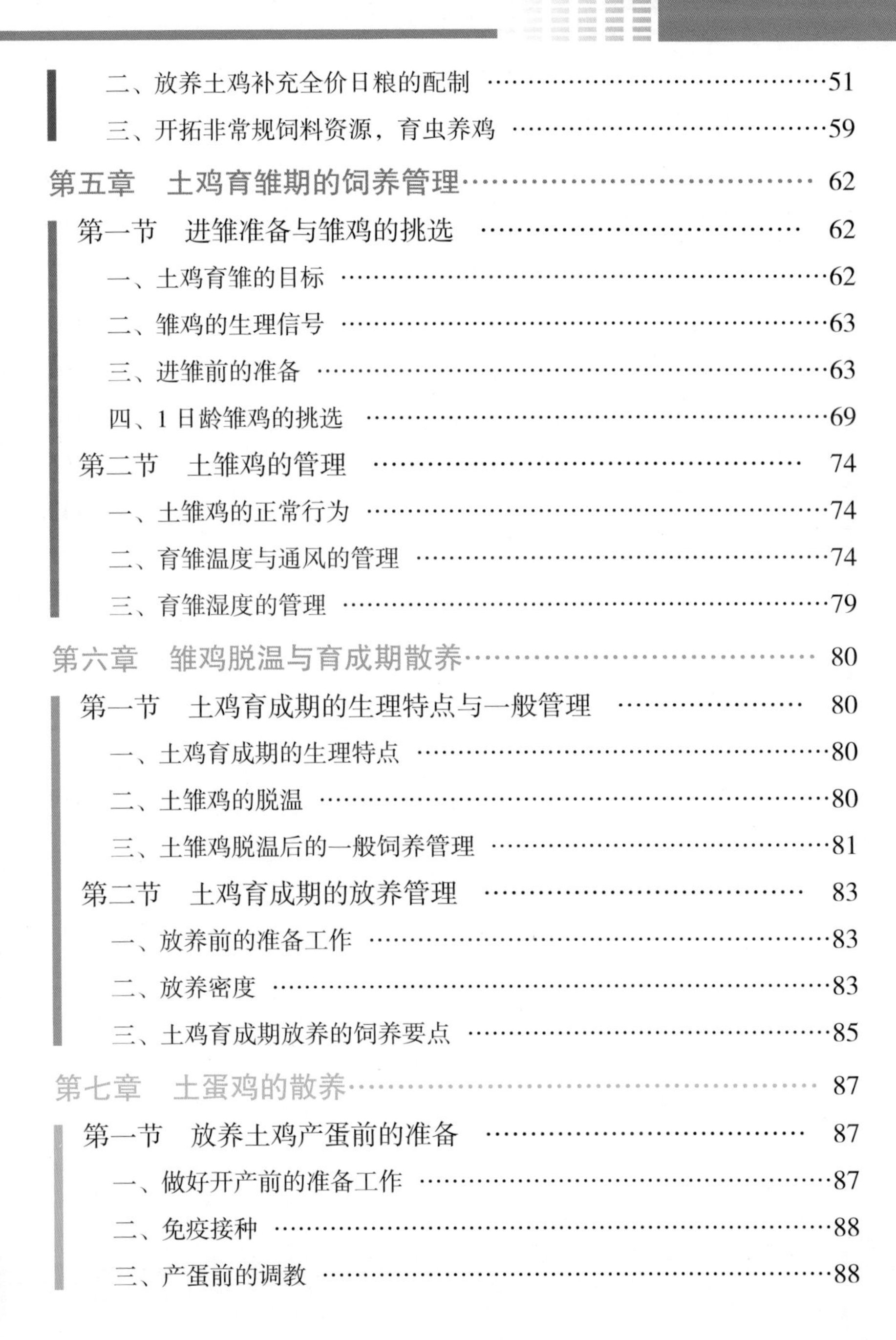

第一章

绪　论

第一节　概　　述

一、什么是“土鸡”

“土”是“本土”的意思。所谓土鸡，即本地鸡，就是传统的地方鸡种，在我国不同地区的叫法不同，又称为草鸡、土鸡、笨鸡、地方鸡等。

土鸡具有耐粗饲、抱窝性（就巢性）强、抗病力强等特性。土鸡生产的鸡肉原汁原味，鸡蛋品质优良、营养丰富，市场需求前景广阔。

二、土鸡散养的现代内涵

（一）土鸡散养的概念

所谓散养土鸡，就是把鸡群放养到自然环境中，以满足鸡的生物学习性，为鸡群提供良好的生活环境，充分利用天然的资源，让鸡肉、鸡蛋恢复应有的天然优良品质。

（二）土鸡散养的现代内涵

土鸡散养要抓住原始、生态、无污染环节，实行自由散养，让鸡群觅食昆虫、嫩草、树叶、籽实和腐殖质等自然饲料为主，人工科学补料为辅，严格限制化学药品和饲料添加剂的使用，禁用任何激素和人工合成促生长剂，通过良好的饲养环境、科学饲养管理和卫生保健措施，最大限度地满足土鸡群的营养、生理和心理需要，提高鸡群本身的免疫力，使肉、蛋产品达到无公害食品乃至绿色食品的标准（图1-1，图1-2）。

土鸡散养，不是让鸡全部采食野生的饲料，而是要根据土鸡的营养需求，在采食野生饲料的同时，适当补充全价饲料，以保证土鸡的生长、产蛋等生产潜能的最大限度发挥（图1-3，图1-4）。

图1-1　生活在生态环境中

图1-2　舍饲、放养结合

图1-3　主要采食野生饲料

图1-4　适当补充全价饲料

这样一来，我们对放养土鸡的内涵，就有了如下的理解：土鸡散养，就是利用林地、果园、草场、荒山荒坡、河堤、滩涂等丰富的自然生态资源，根据不同地区自然环境的特点和特性，选择比较开阔的缓山坡或丘陵地，搭建简易鸡舍，实行舍饲（雏鸡培育阶段在鸡舍内养殖，放养阶段晚上鸡在舍内休息、过夜）和放养（1~2个月后白天在林地散放饲养）相结合的养殖方法。散养的土鸡，是土鸡原种或由其配套系生产的杂交一代土鸡。这种土鸡以自由采食林地里生长的野生自然饲料，如各种昆虫、青草、草籽、嫩叶、腐殖质和矿物质等为主，辅助人工补喂全价日粮，实行科学的饲养和管理、严格的卫生防疫措施，并在整个饲养过程中严格限制饲料添加剂、化学药品及抗生素的使用，以提高鸡蛋、鸡肉风味和品质，生产出更加优质、安全的无公害或绿色的肉、蛋产品。

土鸡散养是在现代农业可持续发展的大背景下运用生态学的原理，使农、林、果等农业种植生产和传统的散放饲养及现代科学饲养等畜牧生产方式做到有机结合，充分利用广阔的林地、果园等自然资源，进行养鸡生产，达到以林养牧、以牧促林的良好效果。并通过建立良性物质循环，实现资源的综合利用，既保护了生态环境，又增加了农民收入，实现生态效益、经济效益和社会效益的统一。

三、为什么提倡土鸡散养

（一）土鸡蛋、土鸡肉质优味美

近年来，我国经济的快速发展，人民生活水平的日益提高，人们厌倦了缺少“鸡味”的饲料鸡、圈养鸡等一些快大型鸡肉的消费，出于对养生与健康的要求，对饮食质量越来越重视，土鸡产品因为无污染，少药残，野味浓，营养丰富，受到了越来越多人的青睐，价格也逐年走高。

据测定，土鸡蛋与现代配套系鸡相比，干物质率高、全蛋粗蛋白质、粗脂肪含量均较高、味道香。全蛋干样中谷氨酸含量高达15.48%，而谷氨酸是重要的风味物质，再加上水分低、营养浓度大，使得土鸡蛋口味好、风味浓郁。

土鸡肉与现代配套系鸡相比，屠宰率高、腹脂率低、胸肌率高、胸肌的肌纤维直径小、肌纤维密度大、肉质鲜嫩，而肌肉中苷酸含量高使土鸡肉味道鲜美。土鸡蛋、土鸡肉历来就深受消费者欢迎。

（二）科学放养，生产鸡蛋、鸡肉高端产品

见图 1–5 至图 1–10。

图 1-5　回归自然，环境优越

图 1-6　空气新鲜，饲养密度小

图 1-7　鸡只自由活动，采食天然饲料

图 1-8　活动量大，骨质结实

图 1-9　自然屏障，减少传染病发生

图 1-10　自由采食草籽、嫩草、腐殖质、多种虫体

（三）降低饲养成本，提高养鸡收益

见图 1-11，图 1-12。

图 1-11 树上结果，树叶、杂草喂鸡

图 1-12 鸡啄食害虫减少果树虫害

（四）投资费用较少，提高经济效益，降低环境污染

见图 1-13，图 1-14。

图 1-13 鸡舍简易，无需笼具

图 1-14 远离居民区，环境自然净化

第二节 土鸡产品的特点与放养要求

一、土鸡产品的特点

目前我国消费的土鸡产品主要以鲜蛋类和鲜肉类产品为主，部分产品深加工后采取真空包装等方法进行保鲜处理，便于携带与长途运输，可作为礼品馈赠亲友；有些羽毛色泽光鲜亮丽的品种还可以加工成标本作为工艺品销售；还有一些具有较高的药用价值，可以作为保健品直接食用或制成药物用于治疗（如乌鸡白凤丸等）。

（一）土鸡肉

见图 1-15，图 1-16。

图 1-15 土鸡肉、土鸡蛋风味好，口感强

图 1-16 炖土鸡汤，营养丰富

（二）土鸡蛋

见图 1-17，图 1-18。

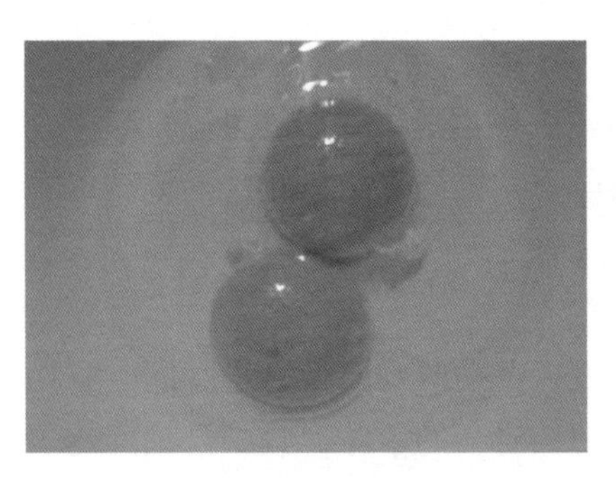

图 1-17　土鸡蛋蛋黄金黄，蛋清清澈黏稠

图 1-18　土鸡蛋一般人均可食用，特别适宜体质虚弱，营养不良，贫血及妇女产后、病后调养；适宜婴幼儿发育期补养

二、土鸡的生理习性与放养要求

（一）土鸡的生理习性

1. 喜暖性

土鸡喜欢温暖干燥的环境（图 1-19），不喜欢炎热潮湿的环境。因此在选择放养场地时，要注意环境条件的适合性，最好建在地势较高、不易积水的地方，坡地要选在阳坡。

2. 合群性

土鸡一般不单独行动，其合群性很强（图 1-20）。刚出壳几天的雏鸡就会找群，一旦离群就叫声不止。因此，土鸡很适合群体放养。

图 1-19　土鸡喜欢温暖干燥的环境

图 1-20　土鸡合群性强

3. 登高性

土鸡喜欢登高栖息，习惯上栖架休息（图 1-21），黑夜时鸡完全停止活动，登高栖息。在养殖区内应安排有与养殖量相应的栖架以利于鸡群休息。

4. 认巢性

公、母土鸡能很快适应新的环境、自动回到原处栖息。同时，拒绝新鸡进入，一旦有新鸡进入便出现长时间的争斗，其中公鸡间的争斗更为剧烈；不管走得多远，晚上还要回到原来的巢穴休息上宿（图 1-22）。这都说明土鸡的认巢性很强。所以在饲养过程中不要轻易改变环境、合群和并群。

图 1-21　栖息在树上的鸡

图 1-22　认巢

5. 恶癖

高密度养鸡常造成啄肛、啄羽、啄死鸡（图 1-23）等恶癖。因此在养殖过程中要在一定空间条件下设定饲养量，以免造成不必要的损失。

6. 抱窝性

即就巢性。土鸡一般都有不同程度的抱窝性，在自然孵化时是母性强的标志（图 1-24）。但这种特性在实际生产中能减少产蛋率，降低生产性能。因此饲养过程中应注意及时发现并采取醒抱措施。

图 1–23 啄食死鸡

图 1–24 抱窝鸡

7. 应激性

任何新的声响、动作、物品等突然出现都会引起胆小怕惊土鸡的一系列应激反应，如惊叫、逃跑（图 1–25）、炸群等。因此设定养殖区时注意远离和避开城镇、厂矿、铁路、公路和噪声发生较多的环境，并注意恶劣天气如大风、雷电等环境时对鸡群进行提前防护。

8. 杂食性

土鸡的食谱广泛（图 1–26），觅食力强，可以自行觅食自然界各种昆虫、嫩草、植物种子、浆果、嫩叶等食物。因此，可以利用草场、草坡、林间、果园等自然资源，进行土鸡放牧饲养，减少精饲料消耗，降低生产成本，生产绿色产品。

图 1–25 逃跑的鸡群

图 1–26 食谱广

9. 喜食粒状食物

土鸡的喙便于啄食粒状饲料，所以土鸡喜欢采食粒状饲料（图1–27）。在不同粒度的饲料混合物中，首先啄食直径3~4毫米的饲料颗粒，最后剩下的是饲料粉末。所以加工饲料时要有一定粒度，而且粒度均匀，有利于土鸡采食和满足均衡的营养需要。

10. 同步采食

土鸡喜欢群居生活，同时采食饮水（图1–28）。自然光照条件下，成年土鸡每天有两个采食高峰期，一是日出后2~3小时，二是日落前2~3小时，在两个时段要保证饲料供应，满足生产、产蛋的需求，同时配足料槽、饮水器等，满足均衡生长的需要。

图1–27　喜食粒状料

图1–28　喜群居，同吃同饮

（二）土鸡放养的基本要求

1. 土鸡品种选择

要选择中国境内品种，最好选择适合当地消费习惯、适应当地自然条件的本地特色品种（图1–29）。也可选择由当地土种鸡选育形成的配套系品种，或简单杂交后的杂交一代。

2. 饲料要求

土鸡的放养，对饲料的要求很有讲究。土生土长的土鸡，原来是吃青草、虫子、杂粮的。但是，为了提高生产效益，需要补饲适当调制饲料（图1–30）。但是，所配制的全价日粮，必须是不添加任何化学药物、抗生素和激素的全价日粮。

图 1-29 选养当地鸡种

图 1-30 适当补饲

3. 场地要求

必须在宽敞、舒适的养殖场地，能够满足其生物学习性（图 1-31）。空气是对鸡肉质量影响最大的因素，在压抑环境下长大的鸡，不仅口感不好，对人体还会产生不良影响。

为鸡群提供一个清洁的环境，保证环境不受各种污染；讲究环境友好，在养鸡的过程中不会对环境自然生态造成严重破坏。

4. 运动很重要

土鸡之所以“鸡味”浓，很大程度上得益于运动（图 1-32）。因为鸡在运动的时候，肌肉可以得到充分生长和发育，肌间脂肪丰富，芳香性物质在脂肪中的比例增加，味道自然很香。因此，要保证土鸡充足的运动量。

图 1-31 场地宽敞、舒适，生态

图 1-32 保证运动

5. 公母分群

公母鸡生长速度、营养需要、羽毛生长速度以及管理措施等都有所不同，最好实行分群放养（图 1–33）。如果饲养土蛋鸡产蛋，需要在母鸡群中混养部分公鸡，使鸡群公母比例基本保持在 1∶25，这样，母鸡公鸡在一起生长，可刺激母鸡生殖系统加快发育成熟，增加产蛋量。

图 1–33　公母分群放养

图 1–34　母鸡群中按比例放入公鸡

第三节 选择适宜的土鸡放养品种

一、蛋用型

1. 仙居鸡

仙居鸡（图 1–35）是中国优良卵用鸡品种，原产浙江仙居、临海等地，故称仙居鸡。体型虽小，但很结实。单冠，颈部细长，背部平直，尾羽高翘，羽毛紧密。公鸡羽毛黄色或红色，体重约1.5 千克，母鸡羽毛多为黄色，少有黑色或花色的，体重约 1 千克。年产卵量为 188 ~ 211 个，卵壳黄棕色，每个卵重 41 ~ 46 克。性情活泼，觅食能力极强。2006 年 12 月，国家质检总局批准对仙居鸡实施地理标志产品保护。

图 1–35 仙居鸡

2. 济宁百日鸡

济宁百日鸡（图 1–36）原产于山东济宁市，属蛋用型品种。

济宁百日鸡体型小而紧凑。母鸡毛色有麻、黄、花等羽色，以麻鸡为多。公鸡羽色较为单纯，红羽公鸡约占 80%，次

图 1–36 济宁百日鸡

之为黄羽公鸡，杂色公鸡甚少。单冠，公鸡冠高直立，冠、脸、肉垂鲜红色。脚主要有铁青色和灰色两种，皮肤多为白色。成年体重公鸡为 1.32 千克，母鸡为 1.23 千克。少数个体 100 天就开产，称为“百天鸡”，开产日龄 146 天。年产蛋 130~150 枚，部分产蛋达 200 个以上。平均蛋重为 42 克，蛋壳颜色为粉红色。

3. 白耳黄鸡

白耳黄鸡（图 1–37）原产于江西省广丰县，属蛋用型地方鸡种。

白耳黄鸡体型较小、匀称。典型特征为“三黄一白”，即黄羽、黄喙、黄脚、白耳。平均 152 日龄开产，300 日龄平均产蛋数 117 个，500 日龄平均产蛋数 197 个。300 日龄平均蛋重 54 克。母鸡就巢性弱，就巢率约 15.4%，就巢时间短，长的 20 天、短的 7~8 天。

图 1–37　白耳黄鸡

二、肉用型

1. 河田鸡

河田鸡（图 1–38）产于福建省长汀、上杭两县，属于肉用型品种。

河田鸡体近方形，有“大架子”（大型）与“小架子”（小型）之分。成年鸡外貌较一致，单冠直立，冠叶后部分裂成叉状冠尾。成年体重公鸡为（1 725.0 ± 103.26）克，母鸡为（1 207.0 ± 35.82）克。开产日龄 180 天左右，年产蛋 100 枚左右，平均蛋重为 42.89 克，蛋壳以浅褐色为主，少数灰白色，蛋形指数 1.38。

图 1–38　河田鸡

2. 溧阳鸡

图 1–39 溧阳鸡

溧阳鸡（图 1–39）是江苏省西南丘陵山区的著名鸡种，当地亦以“三黄鸡”或“九斤黄”称之。

溧阳鸡属肉用型品种。体型较大，体躯呈方形，羽毛以及喙和脚的颜色多呈黄色。但麻黄、麻栗色者亦甚多。公鸡单冠直立，冠齿一般为 5 个，齿刻深。母鸡单冠有直立与倒冠之分，虹彩呈橘红色。成年体重公鸡为 3 850 克，母鸡为 2 600 克。开产日龄为（243 ± 39）天，500 日龄产蛋为（145.4 ± 25）枚，蛋重为（57.2 ± 4.9）克，蛋壳褐色。

3. 惠阳胡须鸡

图 1–40 惠阳胡须鸡

惠阳胡须鸡（图 1–40）原产地为广东东江和西枝江中下游沿岸的惠阳、博罗、紫金、龙门和惠东等县，属中型肉用品种。

惠阳胡须鸡体型中等，胸深背宽，胸肌发达，后躯丰满。单冠直立呈红色。成年体重公鸡为（2 228.40 ± 38.78）克，母鸡为（1 601.00 ± 31.20）克。开产日龄为 115~200 天，年平均产蛋 98~112 枚，平均蛋重为 45.8 克，壳厚 0.3 毫米，蛋形指数 1.3，壳色呈浅褐色。

4. 怀乡鸡

怀乡鸡（图 1–41）原产地为广东省茂名市信宜县怀乡镇。具有耐粗饲、觅食性好、抗病力强等优点，对环境条件要求不高，适宜气温为 0~35℃，在南方任何地方都可以饲养，对环境的适应性极强。

怀乡鸡按体型可分为大型与小型两种。成年体重：公鸡 1 770 克，

母鸡 1 720 克。具有骨脆、肉嫩、味香、三黄（羽毛黄、皮黄、脚黄）、美观、脂肪含量低等优点，为高级酒楼和追求健康人士的第一选择。母鸡开产日龄 150~180 天，一般母鸡年产蛋约 80 个，蛋重 43 克，蛋壳呈浅褐色。

图 1–41　怀乡鸡

5. 桃源鸡

桃源鸡（图 1–42）俗称桃源大种鸡，属肉用型地方品种。桃源鸡原产地为湖南省桃源县。

图 1–42　桃源鸡

桃源鸡体型高大，体质结实，胸较宽，背稍长。成年体重公鸡为 3 342 克，母鸡为 2 940 克。开产日龄平均为 195 天，500 日龄平均产蛋（86.18 ± 48.57）枚，平均蛋重为 53.39 克，蛋壳浅褐色，蛋形指数 1.32。

6. 武定鸡

武定鸡（图 1–43）属肉用型品种，体型高大。

图 1–43　武定鸡

武定鸡体型有大、小之分。大型鸡体型高大，骨骼粗壮，胫较长，肌肉发达，体躯宽而深，头尾昂扬，步态有力，由于全身羽毛较蓬松，更显得粗大；小型鸡体型中等，背宽平，头颈昂扬高翘，全身羽毛丰满。

大型鸡平均体重：30日龄公鸡265克，母鸡250克；90日龄公鸡676克，母鸡479克；180日龄公鸡1 680克，母鸡1 355克；成年公鸡3 500克，母鸡2500克。小型鸡平均体重：成年公鸡2 500克，母鸡1 800克。6月龄以后开产，一般产蛋14~16个即就巢，年就巢4~6次，每次6~20天，有的达1月之久，影响产蛋量。估计年产蛋量为90~130个。平均蛋重为50克。蛋壳浅褐色。蛋形指数为1.27。

7. 清远麻鸡

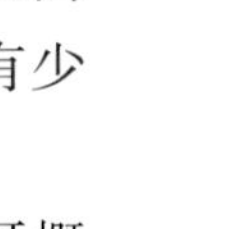

图1–44 清远麻鸡

清远麻鸡（图1–44）属肉用型地方品种。原产地为广东省清远市，中心产区为清远市所属北江两岸，周边市（县）也有少量分布。

清远麻鸡的特征可概括为“一楔、二细、三麻身”：“一楔”指母鸡体型呈楔形，前躯紧凑，后躯圆大；“二细”指头细、脚细；“三麻身”指母鸡背羽有麻黄、褐麻、棕麻三种颜色。

以放牧为主时，其生长较快，公鸡在120日龄活重为1.25千克，母鸡活重为1千克。但在圈养低蛋白水平饲养情况下，生长速度较低，120日龄公鸡体重1 040克，母鸡830克，要到180天才能达到肉鸡上市标准。

农家饲养的清远麻鸡在自然孵化情况下，年产蛋4~5窝，每窝12~15枚，少则8~10枚，年产蛋平均78枚，高的可达120枚。成年母鸡蛋重平均为46.55克，蛋长轴平均为5.07厘米，短轴平均为3.88厘米，长短轴比例为1.31。蛋壳可分为米黄和乳白色两种，但以米黄色居多。

8. 杏花鸡

杏花鸡（图1–45）又称米仔鸡，属肉用型地方品种。原产地为广东省封开县杏花乡，近年来江苏、北京等地也有少量分布。

杏花鸡结构匀称，被毛紧凑，前躯窄、后躯宽，体型似“沙田柚”。其外貌特征可概括为“两细（头细、脚细）、三黄（羽黄、脚黄、喙黄）、三短（颈短、体躯短、腿短）”。

图 1–45　杏花鸡

杏花鸡早期生长缓慢，羽毛生长速度较快，在农村放养和自然孵化条件下，年产蛋量为 4~5 窝，共 60~90 个。在群养及人工催醒的条件下，年平均产蛋量为 95 个。蛋重为 45 克左右。蛋壳褐色。杏花鸡属肉质特佳的优良地方品种之一。但尚存在产蛋量少、繁殖力低、早期生长缓慢等缺点。

9. 广西三黄鸡

广西三黄鸡（图 1–46）属肉用型地方品种，原产地为广西壮族自治区（全书称广西）桂平麻垌与江口、平南大安、岑溪糯洞、贺州信都。

图 1–46　广西三黄鸡

广西三黄鸡体躯短小，体态丰满。母鸡平均开产日龄 165 天，早者 135 天。平均年产蛋 77 枚，平均蛋重 41 克，平均蛋形指数 1.32，蛋壳浅褐色。

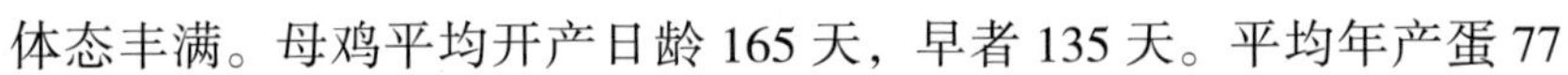

三、蛋肉兼用型

1. 边鸡（右玉鸡）

边鸡（图 1–47）属肉蛋兼用型地方品种，是一个蛋重大、肉质好、适应性强、耐粗抗寒的优良地方鸡种，

图 1–47　边鸡

产于内蒙古自治区与山西省北部相毗连的长城内外一带，因当地人民视长城为“边墙”，所以称这一鸡种为边鸡（在山西省也称为右玉鸡）。

边鸡体型中等，身躯宽深，体躯呈元宝形。平均体重：成年公鸡 1 825 克，母鸡 1 505 克。边鸡母鸡平均开产日龄 240 天。平均年产蛋 101 枚，平均蛋重 63 克，高者达 96~104 克。平均蛋壳厚度 0.39 毫米。蛋壳深褐色，少数褐色或浅褐色。公母鸡配种比例 1 :（10~15）。

2. 北京油鸡（宫廷黄鸡）

北京油鸡（图 1-48）属蛋肉兼用型地方品种，原产于北京城北侧安定门和德胜门的近郊一带，其邻近地区海淀、清河等也有一定数量的分布。

图 1-48　北京油鸡

北京油鸡因具有外观奇特、肉质优良、肉味浓郁的特点，故又称宫廷黄鸡。北京油鸡具有抗病力强，成活率高，易于饲养的特点，是目前土蛋鸡养殖的更新换代品种，养殖开发潜力巨大。现为国家级重点保护品种和特供产品，北京市特色农产品开发的重点。

北京油鸡体躯中等，羽色分赤褐色和黄色，其中羽毛呈赤褐色（俗称紫红毛）的鸡，体型较小；羽毛呈黄色（俗称素黄毛）的鸡，体型略大。成年公鸡平均体重 2 049 克，母鸡 1 730 克。北京油鸡母鸡平均开产日龄 210 天，年产蛋 110 枚，蛋重 56 克。蛋壳褐色、淡紫色。

3. 固始鸡

固始鸡（图 1-49）属蛋肉兼用型地方鸡种，具有耐粗饲、抗逆性强、肉质细嫩等优点。自然放养的固始鸡自由觅食，食青草、小虫，其具有产蛋多、蛋大壳厚、耐贮运、蛋清稠、蛋黄色深、营养丰富、风味独特、遗传性能稳定等特点，为我国宝贵的家禽品种资源之一。

图 1–49　固始鸡

固始鸡个体中等，外观清秀灵活，体型细致紧凑，结构匀称，羽毛丰满，尾型独特。性情活泼，敏捷善动，觅食能力强。

成年固始鸡平均体重，公鸡 2 470 克，母鸡 1 780 克。固始鸡母鸡性成熟较晚。开产日龄平均为 205 天，最早的个体为 158 天，开产时母鸡平均体重为 1 299.7 克。年平均产蛋量为 141.1 个，产蛋主要集中于 3~6 月，平均蛋重为 51.4 克，蛋壳褐色，蛋壳厚为 0.35 毫米，蛋黄呈深黄色。

固始鸡有一定的抱窝性。自然条件下抱窝性者占总数 20.1%；舍饲条件下，抱窝性占 10%。

4. 茶花鸡

茶花鸡（图 1–50）因雄鸡啼声似“茶花两朵”，故名茶花鸡，傣族居民称之为“盖则傣”，直译为傣族鸡种，属兼用型地方品种。

图 1–50　茶花鸡

茶花鸡体型较小，近似船形，性情活泼，好斗性强。成年公鸡平均 1 190 克，母鸡平均 1 000 克。茶花鸡开产日龄 140~160 天，年产蛋数 70~130 个，平均开产蛋重 26.5 克，平均蛋重 37~41 克，种蛋受精率 84%~88%，受精蛋孵化率 84%~92%，就巢性强，每次就巢 20 天左右，就巢率 60%。

5. 寿光鸡

图 1–51 寿光鸡

寿光鸡（图 1–51）又称慈伦鸡，属兼用型地方品种。

寿光鸡原产地为山东省寿光市稻田镇一带。寿光鸡体型高大，骨骼粗壮，胸部发达，背宽、平直，腿高而粗，脚趾大而坚实。全身羽毛纯黑，无杂毛，颈、背、前胸、鞍、腰、肩、翼羽、镰羽等部位呈深黑色并有绿色光泽。

大型公鸡平均体重 3.8 千克，母鸡平均体重 3.1 千克，蛋重 70~75 克。中型公鸡平均体重 3.6 千克，母鸡平均体重 2.5 千克，蛋重 65~70 克。蛋壳较厚而红艳，便于运输。蛋质浓稠，蛋黄色深，特别是蛋质浓稠这一点，在国际市场上一直被认为是一个突出优点。鸡的屠宰率也比较高，肌肉丰满，皮薄肉嫩，味道鲜美。

6. 萧山鸡

图 1–52 萧山鸡

萧山鸡（图 1–52）属肉蛋兼用型品种，又名“越鸡”“沙地大种鸡”。原产于浙江省杭州市萧山区，分布于杭嘉湖及绍兴地区。

萧山鸡体型较大，外形方而浑圆，体态匀称，骨骼较细，羽毛紧密。成年公鸡平均体重 2 759 克，母鸡 1 940 克。母鸡平均开产日龄 185 天。平均年产蛋 141 个，平均蛋重 58 克。平均蛋壳厚度 0.31 毫米，平均蛋形指数 1.39。公鸡性成熟期 178 天。

四、药肉兼用型

1. 金阳丝毛鸡

金阳丝毛鸡（图 1–53）主产于四川凉山彝族自治州，与产于中国江

西、福建和广东的丝毛鸡在体形外貌、生产性能和遗传性等方面均有显著的区别。

图 1-53　金阳丝毛鸡

金阳丝毛鸡的外貌特点是全身羽毛呈丝状，头、颈、肩、背、鞍、尾等处的丝状羽毛柔软，但主翼羽、副翼羽和主尾羽具有部分不完整的片羽。由于该将全身羽毛呈丝状，似松针或羊毛，故当地群众称为“松毛鸡”或“羊毛鸡”。

金阳丝毛鸡体格较小，但屠体丰满，早熟易肥。在中等营养水平条件下，据测定，一周岁公鸡全净膛屠宰率为 80.1%。500 天产蛋量 57.11 枚，平均蛋重（52.4 ± 0.75）克，大小均匀，蛋壳呈浅褐色，平均厚度为 0.31 毫米。

金阳丝毛鸡性成熟较早。公鸡开啼日龄为 120 天左右，母鸡开产日龄为 160 天左右。 金阳丝毛鸡抱窝性强，在不采取任何醒抱措施的情况下，持续期长，一般一个多月，长者可达 2 个月之久。每产 10~15 个蛋抱一次。

2. 乌蒙乌骨鸡

乌蒙乌骨鸡（图 1-54）主产于云贵高原黔西北部乌蒙山区的毕节市、织金、纳雍、大方、水城等地，是贵州省的药肉兼用型鸡种。

图 1-54　乌蒙乌骨鸡

乌蒙乌骨鸡公鸡体大雄壮，母鸡稍小紧凑。平均体重，成年公鸡 1 870 克，母鸡 1 510 克。母鸡平均开产日龄 161 天。平均年产蛋 115 枚，平均蛋重 42.5 克。蛋壳浅褐色。母鸡抱窝性强，每年 4~5 次，平均就巢持续期 18 天。

五、药肉兼用型

1. 兴文乌骨鸡

图 1-55 兴文乌骨鸡

兴文乌骨鸡又名四川山地乌骨鸡（图 1-55），属药肉兼用型鸡种。主产于四川省南部山地的兴文县，分布于珙县、筠连、高县、叙永等地，宜宾、屏山和江安等地南部的山丘地带亦有少量分布。

兴文乌骨鸡体型较大，体质结实，健壮。肉质细嫩多汁，香味浓，具有一定的保健作用。成年公鸡体重 2 828 克，母鸡 2 230 克。母鸡平均开产日龄 195 天。平均年产蛋 110 枚，平均蛋重 58 克。蛋壳浅褐色。母鸡有抱窝性，每年就巢 7~8 次，每次平均就巢持续期 21 天。

2. 沐川乌骨黑鸡

图 1-56 沐川乌骨黑鸡

沐川乌骨黑鸡（图 1-56）属药肉兼用型鸡种，是四川省地方特优品种，又称大楠黑鸡。其中心产区在四川省沐川县的大楠、底堡、干剑、沐溪、建和、幸福、永福和炭库八个乡、镇，分布于沐川全县及其毗邻县、区的浅丘、二半山区。

沐川乌骨黑鸡体躯长而大，背部平直，胸丰满。平均体重，成年公鸡 2 680 克，母鸡 2 290 克。母鸡平均开产日龄 225 天。每窝产蛋 10~15 枚，平均年产蛋 110 枚，平均蛋重 54 克，蛋壳浅褐色。公鸡平均性成熟期 200 天。母鸡抱窝性弱。

六、观赏型

图 1–57　鲁西斗鸡

鲁西斗鸡（图 1–57）是观赏型土鸡的代表品种。

鲁西斗鸡古称唆鸡，俗称咬鸡，是我国特有的观赏型珍贵鸡种，享誉中国四大斗鸡之首的美称。原产于山东西南部古城曹州一带，即今菏泽、嘉祥、曹县、成武等县。

鲁西斗鸡体型高大魁梧，体质健壮，体躯长，成年斗鸡具有鹰嘴、鹅颈、高腿、鸵鸟身，肌肉丰满，体质紧凑结实，公鸡胸肌发达，颈长腿高，尾羽高举，体态英俊威武。

成年公母鸡体重分别为 3.87 千克和 3.02 千克。斗鸡开产日龄较晚，一般 200~250 天，年产蛋 48 枚，最多 60 枚，蛋重 50~75 克，蛋呈暗红色较厚，质地细密，不易破碎。公母比例 1 :（4~5）。抱窝性每年一次，持续 15~30 天。

第二章

选择土鸡散养的模式

第一节　土鸡散养的一般模式

一、散放饲养

这是鸡群放养模式中比较粗放的一种模式，是把鸡群放养到放牧场地内，在场地内鸡群可以自由走动，自主觅食（图 2-1）。这种放养模式一般适用于饲养规模较小、放牧场地内野生饲料不丰盛且分布不均匀的条件下，适用于果园、丰产林下养殖。

二、分区轮流放牧

这是鸡群放牧饲养中管理比较规范的一种模式。它是在放牧养鸡的区域内将放牧场地划分为 4~7 个小区，每个小区之间用尼龙网隔开（图 2-2），先在第一个小区放牧鸡群，2 天后转入第二个小区放

图 2-1　散放饲养

图 2-2　尼龙网隔开，分区轮牧

养，依此类推。这种模式可以让每个放养小区的植被有一定的恢复期，能够保证鸡群经常有一定数量的野生饲料资源提供。

三、流动放牧

这种放养鸡群的方式相对较少，它是在一定的时期内，在一个较大的场地中或不连续的多个场地中放牧鸡群。在某个区域内放牧若干天，将该区域内的野生饲料采食完后，把鸡群驱赶到相邻的另一个区域内，依次进行放牧。这种放养方式没有固定的鸡舍，而是使用帐篷作为鸡群休息的场所。每次更换放牧区域都需要把帐篷移动到新的场地并进行固定。

四、带室外运动场的圈养

在没有放养条件的地方，发展生态养鸡可以采用带室外运动场的圈养方式（图 2–3、图 2–4）。这种方式是在划定的范围内按照规划原则建造鸡舍，在鸡舍的南侧或东南侧、西南侧，划出面积为鸡舍 5 倍的场地作为该栋鸡舍的室外运动场。运动场内可以栽植各种乔木。在一些农村，有闲置的场院和废弃的土砖窑、破产的小企业（无污染的）等，这些地方都可以加以修整用于养鸡。

图 2–3　带室外运动场的圈养（一）

图 2-4　带室外运动场的圈养（二）

这种生态饲养方式使鸡群在白天可以有较多的时间在运动场活动、采食、进行沙土浴。鸡舍内采用网上平养或地面垫料平养方式，供鸡群夜间或不良天气在室内活动与休息。

采用这种养殖方式要考虑为鸡群提供一个舒适、干净、能够满足其生物习性的环境。鸡舍的通风、采光、保温、隔热、隔离效果要好。鸡舍内要设置栖架，能够满足鸡只栖高的习性。采用这种生态养殖模式也要考虑青绿饲料的来源，因为在养鸡过程中需要经常在场地内撒一些青绿饲料让鸡群采食。

第二节 土鸡散养模式例析

一、林下养殖模式

（一）模式概述

林下生态养鸡是将传统方法和现代技术相结合，根据各地区的特点，利用荒地、林地、草原、果园、农闲地等进行规模养鸡，实施放养与舍饲相结合的养鸡方法，它对林地实施种养业立体开发，减少林地害虫、抑制杂草丛生、培肥土壤，提高果园、林地单位面积的收入，解决农村部分剩余劳动力的就业问题，促进农民增收等方面具有积极的促进作用。让鸡自由觅食昆虫野草，饮山泉露水，补喂五谷杂粮，严格限制化学药品和饲料添加剂等的使用，以提高蛋、肉风味和品质，生产出符合绿色食品标准要求的一项生产技术。实施林地生态养鸡投入少，生产周期短，成本低，效益高，适合广大农村，尤其是居住在丘陵、山地的农户采用。

（二）场地选择

1. 基本原则

果园林地的选择对于养好鸡有着十分重要的作用。一般林地以中成林，最好选择林冠较稀疏、冠层较高，树林荫蔽度在 70% 左右，透光和通气性能较好（图 2-5），且林地杂草和昆虫较丰富的成林较为理想。

2. 场地条件

放养林地要选择交通便利，地势高燥（图 2-6），排水良好，通风向阳，树木、藤木龄 2 年以上为宜，土质以沙土为好。鸡场必须要有安全可靠、充足的水源，不含病原体，无污染。要有搭建棚舍地形条件，并对园地适当轮作草本类作物，供鸡食用。

图 2–5　树林荫蔽度适中

图 2–6　地势高燥

3. 鸡舍的修建

鸡场鸡舍，必须具备以下四个条件。

① 能通风换气。② 便于清扫、消毒。③ 育雏舍能保温隔热、遮风挡雨。④ 鸡舍位置要求地势较高，不积水，空气、水源无污染（图 2–7）。

4. 养鸡设备和用具

增温设备，如电热伞、电热板、煤炉等；食盘和食槽；饮水设备，常用的是塔式自动饮水机；育雏鸡笼、栖架（图 2–8）等。

图 2–7　鸡舍不积水，场地便于清扫消毒

图 2–8　栖架

（三）品种选择

品种选择应根据市场消费热点，符合消费者需求为宜（图 2-9 ~ 图 2-12）。

图 2-9　蛋用可选养仙居鸡

图 2-10　肉用可养清远麻鸡

图 2-11　蛋肉兼用可养固始鸡

图 2-12　药用可养乌骨鸡

（四）进雏时机

初养鸡者，进鸡可选在气温较暖和的春季，取得经验后一年四季均可进雏养鸡。

在引种时，应当从较正规的大型种鸡场引进，种鸡场应有种畜禽生产经营许可证（图 2-13）、动物防疫条件合格证（图 2-14）、组织机构代码证等相关合法资质。

图 2-13　种畜禽生产经营许可证

图 2-14　动物防疫条件合格证

二、山地放养模式

山地养鸡的特点是放牧，在品种选择上应当选择适宜放牧、抗病力强的土鸡或土杂鸡为宜。它们耐粗饲，抗病力强，虽然生长速度较慢，饲料报酬低，但肉质鲜美，价格高，利润大，应作为山地饲养的首选品种。

（一）场地选择

山地养鸡的场地选择应遵循如下几项原则。

① 既有利于防疫，又要交通方便（图 2-15）。

② 场地宜选在高燥、干爽、排水良好的地方。

③ 场地内要有遮阳设备，以防暴晒中暑或淋雨感冒。

④ 场地要有水源和电源（图 2-16），并且圈得住，以防走失和带进病菌。避风向阳，地势较平坦、不积水的草坡。其中最好有树木，以便鸡到树下乘凉。

图 2-15　去往鸡场的路便利

图 2-16　鸡场内的水井

（二）搭建简易、牢固鸡舍

鸡舍设计的要求是：通风、干爽、冬暖、夏凉，坐向宜坐北向南。一般棚宽 4~5 米，长 7~9 米，中间高度 1.7~1.8 米，两侧高 0.8~0.9 米。通常用由内向外油毡、稻草、薄膜三层盖顶，以防水保温。在棚顶的两侧及一头用沙土砖石把薄膜油毡压住，另一头开一个出入口，以利饲养人员及鸡群出入。棚的主要支架用铁丝分四个方向拉牢，以防暴风雨把大棚吹翻（图 2-17）。

图 2-17　搭建简易鸡舍

（三）清棚消毒

每一批鸡出栏以后，应对鸡棚进行彻底清扫，更换地面表层土，

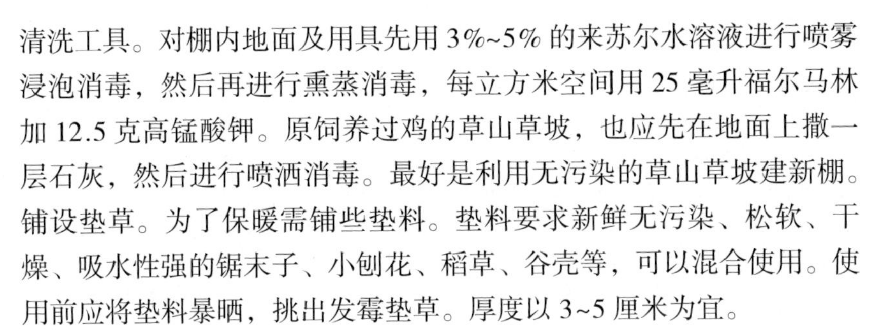

清洗工具。对棚内地面及用具先用 3%~5% 的来苏尔水溶液进行喷雾浸泡消毒，然后再进行熏蒸消毒，每立方米空间用 25 毫升福尔马林加 12.5 克高锰酸钾。原饲养过鸡的草山草坡，也应先在地面上撒一层石灰，然后进行喷洒消毒。最好是利用无污染的草山草坡建新棚。铺设垫草。为了保暖需铺些垫料。垫料要求新鲜无污染、松软、干燥、吸水性强的锯末子、小刨花、稻草、谷壳等，可以混合使用。使用前应将垫料暴晒，挑出发霉垫草。厚度以 3~5 厘米为宜。

（四）饲料选择

一般来说，优质土鸡的生长速度较慢，对饲料营养水平的要求比较低，但也不能只喂单一饲料，以免造成营养缺乏，影响生长发育，降低成活率。应当选择优质土鸡系列全价颗粒料或混合饲料。另外，可以用山地种植的南瓜、番薯、木薯等杂粮代替部分混合料。也可根据当地资源情况，变废为宝，如可用花椒种子等喂鸡（图 2-18）。

图 2-18　花椒种子可作为土鸡补充饲料

第三章 土鸡散养场地的选择与设施建造

第一节 放养场地的选择与建设

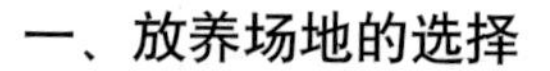

一、放养场地的选择

（一）选址原则

1. 有利于防疫

养鸡场地不宜选择在人口密集的居民住宅区或工厂集中地，不宜选择在交通来往频繁的地方，不宜选择在畜禽贸易场所附近；宜选择在较偏远而车辆又能达到的地方。

2. 放养场地内要有遮阳

场地内宜有翠竹、绿树遮阳及草地，以利于鸡只活动。

3. 场地要有水源和电源

鸡场需要用水和用电，故必须要有水源和电源。水源最好为自来水，如无自来水，则要选在地下水资源丰富、适合于打井的地方，而且水质要符合卫生要求。

4. 场地范围内要圈得住

场地内要独立自成封闭体系（用竹子或用砖砌围墙围住），以防止外人随便进入，防止外界畜禽、野兽随便进入。

5. 有丰富的可食饲料资源

放养场地丰富的饲料资源如昆虫、野草、牧草、野菜等，是保证土鸡自然饲料不断，如果场地牧草不多或不够丰富，可以进行人工种植或从别处收割来，给鸡补饲。

（二）自然环境

1. 草场、荒坡林地及丘陵山地

草场（图 3-1）、荒坡林地及荒山地中牧草和动物蛋白质饲料资

图 3-1　草场放养土鸡

源丰富，场所宽敞，空气新鲜，环境幽雅，适宜土鸡散养。

2. 果园

果树的害虫和农作物、林木、蔬菜害虫一样，大多属于昆虫的一部分，一生要经过卵、幼虫、蛹、成虫 4 个虫期的变化，如各种食心虫、天牛、吉丁虫、形毛虫、星毛虫等。过去多采用喷药、刮老皮、剪虫枝、拾落果、捕杀、涂白等繁琐的方法防治。

果园放养土鸡（图 3-2）可捕食这些害虫。

图 3–2　果园放养土鸡

3. 冬闲田

选择远离村庄、交通便利、排水性能良好的冬闲田，利用木桩做支撑架，搭成 2 米高的“人”字形屋架，周围用塑料布包裹，屋顶加油毡，地面铺上稻草，也可以放养土鸡（图 3–3）。

图 3–3　冬闲田放养土鸡

二、搭建围网

为了预防兽害和鸡只走失，或为了划区轮牧、预防农药中毒，放养区周围或轮牧区间应设置围栏护网，尤其是果园、农田、林地等分属于不同农户管理的放养地。

放养区围网可用1.5~2米高的铁丝网（图3-4）或尼龙网（图3-5），每隔8~10米设置一根垂直稳固于地基的木桩、水泥桩或金属管立柱。

图3-4　铁丝网围栏

图3-5　尼龙网围栏

三、建造鸡舍或简易“避难所”

鸡舍可以为放养鸡提供安全的休息场地，驯化好的放养鸡傍晚会自动回到鸡舍采食补料，夜晚进舍休息，方便捕捉及预防注射。因此，必须根据不同阶段土鸡的生活习性，搭建合适的简易型鸡舍或简易“避难所”。

（一）简易型棚舍

简易鸡舍要求能挡风，不漏雨，不积水即可，材料、形式和规格因地制宜，不拘一格，但需避风、向阳、防水、地势较高。

图3-6　简易型棚舍

（二）普通型鸡舍

普通鸡舍要求防暑保温，背风向阳，光照充足，布列均匀，便于卫生防疫，内设栖息架，舍内及周围放置足够的喂料和饮水设备，使用料槽和水槽时，每只鸡的料位为 10 厘米，水位为 5 厘米；也可按照每 30 只鸡配置 1 个直径 30 厘米的料桶，每 50 只鸡配置 1 个直径 20 厘米的饮水器。

放牧场地可设沙坑（图 3–7），方便鸡洗沙浴。

图 3–7　土鸡放牧场内设 置的沙坑

（三）塑料大棚鸡舍

塑料大棚鸡舍（图 3–8）就是用塑料薄膜把鸡舍的露天部分罩上。这种鸡舍能人为创造适应鸡生长的小气候，减少鸡舍不合理的热能消耗，降低鸡的维持需要，从而使更多的养分供给生产。

图 3–8　塑料大棚鸡舍

（四）封闭式鸡舍

封闭式鸡舍一般是用隔热性能好的材料构造房顶与四壁，不设窗户。只有带拐弯的进气孔和出气孔，舍内小气候通过各种调节设备控制。在快长型大肉食鸡饲养中应用较多。

（五）开放式网上平养无过道鸡舍

这种鸡舍适用于土鸡育雏（图 3-9）。鸡舍的跨度 6~8 米，南北墙设窗户。南窗高 1.5 米，宽 1.6 米；北窗高 1.5 米，宽 1 米。舍内用金属铁丝隔离成小自然间。在离地面 70 厘米高处架设网片。

图 3-9　开放式网上平养无过道鸡舍

（六）利用旧设施改造的鸡舍

利用农舍、库房等其他设备改建鸡舍，达到综合利用，可以降低成本（图 3-10）。

图 3-10　利用旧设施改造的鸡舍

第二节　土鸡散养草地的建植

土鸡放牧饲养最好种植营养丰富且鸡的食口性好的豆科牧草或禾本科牧草，这些牧草中富有蛋白质和钙制，具有根瘤，能改良土壤结构和提高土壤肥力。

一、牧草品种的选择

林草立体群落结合可以达到地上光能高效利用、地下土壤养分充分吸收的目的，幼林期种植牧草，既可避免土地浪费，防止水土流失，又可收获牧草。牧草以多年生为好，避免每年播种，同时要求分枝分蘖多，再生性强，适应性强，适口性好。适用草种有豆科的三叶草、紫花苜蓿、百脉根，禾本科的鸭茅、无芒雀麦、黑麦草、早熟禾等（图 3–11，图 3–12）。

图 3–11　三叶草地上放养的土鸡

图 3–12　适于放养土鸡的紫花苜蓿草地

二、放牧草地的建植与使用

放牧草地的建植应考虑鸡的食性、耐践踏和持久性，可采用豆科牧草 60%，禾本科牧草 40% 的混播方式。适宜的豆科牧草有三叶草、紫花苜蓿、百脉根，禾本科牧草有黑麦草等。播种量豆科牧草 8 千克 / 公顷（1 公顷 =10 000 米 ^{2}），禾本科 5 千克 / 公顷。

放牧放养鸡应进行分区轮牧，以合理利用牧草和减少对草地的破坏。将放牧草地划块，气候和雨水好，牧草生长快时，20 天左右轮牧一次；牧草生长差时，30 天左右轮牧一次。

第三节 土鸡育雏工具与辅助喂养设备

一、热风炉及煤炉

热风炉及煤炉多用于地面育雏或笼育雏时室内加温，保温性能较好的育雏室每 15~25 米 ^{2} 放 1 只煤炉。

二、保姆伞及围栏

保姆伞（图 3–13）有折叠式和不折叠式两种。不折叠式又分方形、长方形及圆形等。伞内热源有红外线灯、电热丝、煤气燃烧等，采用自动调节温度装置。折叠式保姆伞适用于网上育雏和地面育雏。伞内用陶瓷远红外线加热，伞上装有自动控温装置，省电，育雏效率较高。不折叠式方形保姆伞，长宽各为 1~1.1 米，高 70 米，向上倾斜呈 45° 角，一般可用于 250~300 只雏鸡的保温。一般在保姆伞的外围还要加围栏，以防止雏鸡远离热源而受冷，热源离围栏 75~90 厘米。雏鸡 3 日龄后围栏逐渐向外扩大，10 日龄后撤离。

图 3–13 保姆伞

三、红外线灯

红外线灯（图 3–14）分有亮光的和无亮光的两种。生产中用的

大部分是有亮光的，每只红外线灯为 250~500 瓦，灯泡悬挂距离地面 40~60 厘米，可根据育雏的需要进行调整。通常 3~4 只灯泡为一组轮流使用，每只灯泡可以保温 100~150 只雏鸡。

图 3-14　红外线灯育雏

四、饮水器

圆桶式饮水器（图 3-15），饮水器多由顶圆桶和直径比圆筒略大的底盘构成。圆筒顶部和侧壁不漏气，基部离底盘高 2.5 厘米处开 1~2 个小圆孔。使用时，先使桶顶朝下，水装至圆孔处，然后扣上底盘反转过来。

图 3-15　圆桶式饮水器

简易饮水器（图 3-16 ），用镀锌铁皮、塑料等材料制成“V”字形或者“U”字形水槽。

乳头式自动饮水器（图 3–17），这种饮水器安装在鸡头上方处，让鸡抬头喝水。安装时要随鸡的大小改变高度，可以安装在鸡笼内，也可以安装在鸡笼外。

图 3–16　简易式饮水器

图 3–17　乳头式自动饮水器

五、断喙器

断喙器型号较多，用法不尽相同。采用电热式断喙器给雏鸡断喙，既断喙又止血，断喙效果好（图 3–18）。

六、饲槽

饲槽是养鸡的一种重要设备，因鸡的大小、饲养方式不同对饲槽的要求不同，但无论哪种类型的饲槽，均要求平整光滑，采食方便，不浪费饲料，便于清刷消毒。制作材料可选用木板、镀锌铁皮及硬质塑料等（图 3–19）。

图 3–18　用电热式断喙器给肉雏鸡断喙

图 3–19　用脊瓦充当简易料槽

料盘（图 3–20），大都是由塑料和镀锌铁皮制成。

船形饲槽多在平养与笼养普遍使用，长度依据鸡笼而定。在平面放养的条件下，饲槽的长度为 1~1.5 米。为防止鸡踏入槽内将饲料弄脏，可以在槽上安上转动的横梁。

干粉料桶（图 3–21），包括一个无底圆桶和一个直径比圆桶略大的短链相连，可以调节桶与底盘之间距离。

图 3–20 育雏用料盘

图 3–21 干粉料桶

七、栖架

鸡有高栖过夜的习性，每到天黑之前，总想在鸡舍内找个高处栖息。假设没有栖架，个别的鸡会飞在高处过夜，多数拥挤在一角栖伏在地面上，对鸡的健康不利。由此，在舍内部应设有栖架。栖架主要有两种形式：一种是将栖架做成梯子形靠立在鸡舍内，叫立式栖架（图 3–22）；另一种将栖架钉在墙壁上。也可以在放养场内设立简易栖架（图 3–23）。

图 3–22 鸡舍内的立式栖架图

图 3–23 放养场内的简易栖架

第四章 散养土鸡的营养需求与全价补充饲料的配制

第一节　散养土鸡的常用补充饲料

放养土鸡的饲料来源非常广泛，分为天然饲料和辅助补饲饲料。天然饲料必须是不施加任何化肥、农药的，如放牧的山坡或果园。种植的补饲饲料也必须按照有机食品生产的要求操作；辅助补饲饲料生产过程中严禁添加各种药物添加剂和生长激素。根据饲料原料的营养特性可以分为三大类：能量饲料、蛋白质饲料、矿物质饲料。

一、能量饲料

（一）玉米

玉米是最常见的能量饲料，其纤维含量少，适口性强，消化率高，能量高，但蛋白含量比较低，是土鸡的主体能量饲料。黄玉米中含较高的胡萝卜素和叶黄素，有利于土鸡皮肤和喙、爪的着色，含维生素E较高，不含维生素D和维生素B_{12}。玉米中含磷高，但利用率低。

（二）高粱

去皮高粱能量约为玉米的80%，粗蛋白质含量平均约为10%，赖氨酸、色氨酸、苏氨酸和组氨酸的含量较低，含维生素和玉米相似，玉米中含有丹宁酸，口感比较差，喂量不宜过多，一般5%~10%。

（三）小麦

小麦能量略低于玉米，粗蛋白质含量约 12.1%，氨基酸比其他谷类完善，B 族维生素也丰富，一般在玉米价格较高而小麦价格相对较低的时候使用较多。

（四）小米

能量与玉米相近，蛋白含量为 13.1%，其他营养与高粱相似，但适口性好。

（五）稻米

其能值约为玉米的 70%，粗蛋白质含量为 6.8%，赖氨酸和蛋氨酸的含量也较玉米低，稻谷去壳后加工成的碎大米代谢能接近玉米的代谢能，粗蛋白质含量也可提高，而且易消化，便于鸡苗啄食，可在日粮中适当添加。

（六）其他谷实类

主要是指大麦、燕麦等，适量搭配使用，可增加日粮的饲料种类，调节营养特质平衡。

（七）米糠

米糠是大米加工的副产品，其代谢能 10.7 兆焦 / 千克，粗蛋白质含量约 13%，粗脂肪含量为 15%~16%，米糠中因脂肪含量高，贮藏时要注意保管，以免发生酸败变质。

（八）麸皮

麸皮也叫小麦麸，其代谢能约为 6.8 兆焦 / 千克，粗蛋白质含量为 14.4%，粗纤维含量达 9.2%，赖氨酸含量较高，蛋氨酸含量低，维生素中胡萝卜素和维生素 D 含量少，B 族维生素丰富。一般饲料中可以少许添加。

二、蛋白质饲料

（一）豆饼（粕）

大豆籽实提取油后的残渣，因榨油工艺不同，可分为豆饼和豆粕两种。用压榨法加工的副产品叫豆饼，用浸提法加工的副产品叫豆粕。豆饼（粕）中含粗蛋白质 40%~45%，经加热处理的豆饼（粕）

是鸡最好的植物性蛋白质饲料。一般在饲粮中用量可占10%~30%。虽然豆饼中赖氨酸含量比较高，但缺乏蛋氨酸，故与其他饼粕类或鱼粉配合使用。注意不能用生豆饼喂鸡，因为其含有抗营养因子，加热可以破坏这个因子。

（二）花生饼（粕）

花生饼中粗蛋白质含量略高于豆饼为42%~48%，口感好，土鸡喜食，但蛋白品质较差，精氨酸含量高，赖氨酸含量低，其他营养成分与豆饼相差不大，与豆饼配合使用效果较好，一般在饲粮中用量可占15%~20%，不宜做土鸡的唯一蛋白饲料。花生不宜生喂，应进行加热处理。花生饼脂肪含量高，贮存时易染上黄曲霉菌，染菌的不能喂鸡。

（三）葵花籽饼（粕）

优质的脱壳葵花籽饼粗蛋白质含量可达40%以上，蛋氨酸含量比豆饼多2倍，粗纤维含量在10%以下，B族维生素含量也比豆饼丰富，且容易消化。但目前完全脱壳的葵花籽饼很少，其粗纤维量大于18%，按国际饲料分类原则不属于粗饲料。一般可添加5%~15%。

（四）芝麻饼（粕）

芝麻榨油后的副产品，含粗蛋白质40%左右，蛋氨酸含量高，适当与豆饼搭配喂鸡。一般在饲粮中用量可占5%~10%。

（五）菜籽饼（粕）

蛋白质含量约38%，营养含量丰富，含有较多的钙、磷、硒和B族维生素，但适口性差，且含有硫代葡萄糖苷，容易产生对鸡有害的物质。需加热处理去毒才能作为鸡的饲料，一般在饲粮中含量占5%左右。

（六）棉籽饼（粕）

一般其含粗蛋白质33%左右，粗纤维含量较高，且含有棉酚，宜单独作为鸡的蛋白质饲料。棉籽饼粕经去毒后，可与豆饼、花生饼配合使用效果较好，饲粮中一般不超过4%。

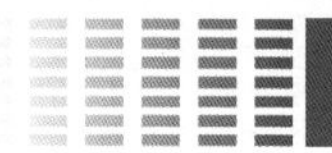

（七）鱼粉

鱼粉是鸡理想的动物性蛋白饲料，优质鱼粉蛋白质在55%左右，含有丰富的氨基酸、维生素和钙、磷等营养物质。但价格高，且容易带病菌（沙门氏菌），饲喂后有一定的腥味。一般用量3%~7%，且在土鸡上市的2周前停喂。

（八）昆虫

包括蝉蛹、黄粉虫、蚯蚓等，这些昆虫含蛋白质在60%左右，且营养丰富，可以让鸡在自然的环境中自由采食。补饲饲料中添加不超过5%。

（九）血粉

屠宰牲畜的血液经干燥后制成的产品，粗蛋白质含量在80%以上，含有较高的赖氨酸，但适口性差，消化率不高，可以添加1%~3%。

（十）肉粉

包括肉骨粉，是屠宰后牲畜的废弃体脏加工而成的，含蛋白质30%左右，钙磷含量较高，一般添加小于5%。

（十一）羽毛粉

羽毛粉是各种家禽的羽毛经水解后得到的产品，其蛋白质含量80%以上，适当添加可以防止鸡的啄羽癖，但其氨基酸含量不平衡，蛋白品质较差，适口性也差。一般添加不超过3%。

三、矿物质饲料

（一）补钙

主要是补充贝壳粉和石粉，石粉是天然的石灰石（碳酸钙）粉碎而成，含钙34%~38%。贝壳粉是贝壳粉碎而成，含钙30%~37%，是良好的钙质饲料。一般根据鸡的不同生长期添加量也不同。

（二）补磷

主要是骨粉和磷酸氢钙，骨粉含磷10%~15%，含钙24%，因其成分变化较大，来源不稳定，在国外已经很少使用，只要杀菌彻底，可以安全使用，用量为2%~3%。磷酸氢钙（磷酸二钙），经脱氟处理后其氟含量小于0.2%，磷16%，钙23%，钙磷比例比较平衡，可以添加1%~2%，使用时要注意重金属不要超标。

（三）补盐

盐规格比较多，一般粗盐含氯化钠95%，精盐含99%，盐含钙38%，氯59%，补饲中必须添加，可以补充矿物质，也可以增加适口性，帮助消化。一般添加0.3%。

第二节　散养土鸡补充全价日粮的配制

土鸡散养，即使可以采食到自然界中的多种营养素，但也一定要喂给补充饲料，否则其自身生长和产蛋都将会受到影响。有的养殖户也补喂农家饲料原料，这也是可以的；但如果规模化生产，还是要补充全价日粮，才能取得最好的养殖效益。

一、散养土鸡的参考饲养标准

饲养标准是以营养学家通过科学试验和生产实践总结的数据为依据，提供的营养指标，包括能量、蛋白质、粗脂肪、粗纤维、钙、磷、各种氨基酸，各种微量矿物质元素和维生素等。一般饲养标准分为国家标准与企业自己制定的专业标准。放养土鸡要根据土鸡的不同品种、性别、周龄、营养状态、环境等因素，合理确定其不同营养物质的需要量。目前放养土鸡还没有专门的饲养标准，可参照地方品种土鸡的饲养标准执行。地方品种黄鸡的饲养标准 见表 4–1。

表 4–1　地方品种黄鸡的饲养标准

周龄	0~5	6~11	12 以上
代谢能（兆焦 / 千克）	11.72	12.13	12.55
粗蛋白质（%）	20.0	18.0	16.0
蛋白能量比（克 / 兆焦）	17.06	14.84	12.74

注：其他营养指标参考生长期蛋鸡和肉用仔鸡饲养标准折算

二、放养土鸡补充全价日粮的配制

（一）饲料配制的原则

要配制既能满足鸡的生产需要，又能降低生产成本的配合饲料，设计配方时需遵循以下原则。

1. 选用合适的饲养标准

饲养标准是饲料配合时的各种营养元素含量的依据，应满足鸡的营养需要，这是生产配合饲料和保证配合饲料品质的最基本要求。要根据不同品种、不同日龄鸡的饲养标准设计不同的饲料配方。

2. 饲料的适口性要好

饲料的适口性影响着鸡的采食量，适口性差的话，即便是饲料营养全面，但鸡的采食量少，营养就不够，势必影响鸡的饲养效果，降低鸡的生产性能。相反，如果饲料的适口性好，鸡的采食量合适，营养吸收多，饲养效果好，鸡的生产性能也会增加。

3. 各种营养元素要比例恰当

在满足能量需要的基础上，各种营养元素，如蛋白质、氨基酸、矿物质、维生素等的含量既要满足鸡的饲养标准，又要注意各种养分之间的比例。比例适宜的话，有助于营养的吸收利用，饲料报酬较高；反之，营养不平衡，就会降低饲料的利用率，饲料报酬下降。日粮中蛋白质和能量的比例通常用蛋白能量比来表示，日粮中能量低时，相应的蛋白质的含量也应降低；日粮中能量高时，相应的蛋白质的含量也应增加。如果日粮中蛋白高能量低或能量高蛋白低，都会造成饲料的浪费。另外，氨基酸、维生素、矿物质之间，有的存在协同作用，有的存在拮抗作用，所以在配料时一定要协调好它们之间的比例关系。

4. 选择合适的饲料原料

在不影响饲养效果和经济效益的前提下，要因地制宜，根据当地的实际种植情况，就地取材，使用物美价廉的原料，降低生产成本。

5. 饲料多样化

配合饲料时，为了满足鸡的营养需要，要使用不同的饲料原料，使饲料间不同的养分相互搭配、相互补充，提高配合饲料的营养价值。

6. 严把原料质量关

有的饲料原料，如玉米、饼粕类等以及含脂肪高的原料，如果贮存不当，很容易发生霉变或酸败，损害肝脏，引起鸡的病变，所以，一定要把好质量关。另外，有些含毒素的饲料原料，如棉籽饼、菜籽饼等，在脱毒前应严格控制用量。

（二）放养土鸡计算饲料配方注意事项

① 首先考虑日量中代谢能和粗蛋白质的需要量以及两者的比例是否适宜，然后再看钙磷含量是否满足需要和是否平衡，最后再调节维生素和微量元素的需要量。在配合日粮时一般对原料中的维生素不予考虑，完全靠额外添加来满足需要。

② 由于饲料原料品种不同，来源不同，含水量、储存时间不同，营养成分经常发生变化。在配制日粮时要加上安全系数，以保证应有的营养物质含量，但是安全系数也不能太大，以免浪费。

③ 在条件允许的情况下，尽可能使用种类比较多的原料，达到营养物质互补（主要是氨基酸互补），降低饲料成本。

④ 既要求饲料质量好，适口性强，同时也要兼顾价格，使用一些便宜的原料。对一些有用量限制的原料要严格控制使用量，如棉籽粕、高梁等，避免图便宜而造成对鸡的伤害。

⑤ 每次配制的总饲料量不要超过一个月的用量，以免长期储存降低营养成分的含量，尤其是维生素的含量。夏季长时间储存饲料还容易发霉，尤其在高温高湿条件下极容易变质。

⑥ 饲料配方要相对稳定，如需要更换饲料，最好采用逐渐过渡的方法，以免引起食欲下降和消化障碍。

⑦ 要根据土鸡的生长规律及营养需要做配方。据试验，土鸡的生长高峰有两个，即 20~45 日龄和 65~100 日龄。营养需要为：1~60 日龄饲料的粗蛋白质含量为 16%~18%，代谢能为 11.7~12.8 兆焦 / 千克；60 日龄后营养需要为饲料的粗蛋白质含量为 13%~15%，代谢

能约为 13 兆焦 / 千克。

⑧ 根据土鸡的饲养技术，饲料“前精后粗”，饲喂“前期自由，后期定时定量”，按土鸡的饲养标准配制。

（三）饲料配方计算方法

1. 交叉法

交叉法也叫方形法、对角线法。在饲料种类少、营养指标要求低的情况下，可以用这一方法。在饲料种类及营养指标要求多时，也可采用此法，但需反复计算，两两组合，比较麻烦，而且又不能使配合饲料同时满足多项营养指标。

例如，用玉米（含粗蛋白质 8.5%）和豆饼（含粗蛋白质 42.5%）配制粗蛋白质水平为 16.5% 的混合饲料。

（1）作十字交叉图。把需要混合饲料达到的粗蛋白质含量 16.5% 放在交叉处，玉米和豆饼的粗蛋白质含量分别放在左上角和左下角；然后以左上、下角为出发点，各向对角通过中心作交叉，大数减小数，所得数字分别记在右上角和右下角。

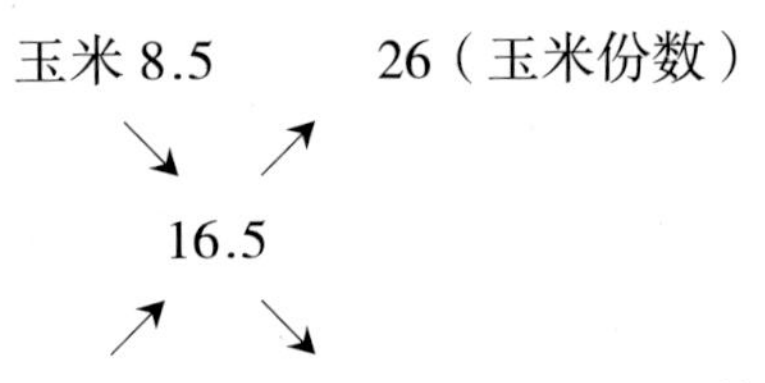

（2）计算混合比。用上面计算所得的分数除以它们的和，即得两种饲料的混合比。

玉米应占比例 =26 ÷（26+8）× 100% ≈ 76.5%

豆饼应占比例 =8 ÷（26+8）× 100% ≈ 23.5%

此种方法计算的结果只是满足了粗蛋白质的营养，其他成分没有计算，因此，实用价值不大。

2. 试差法

这种方法在目前日粮配制中应用较多。试差法就是根据经验和饲

料营养含量，先大致确定一下各种饲料在日粮中所占比例，再将各种饲料所含营养成分分别计算出来，这样同种养分相加得到该初拟配方的每种养分的含量，然后与饲养标准对照，看看还差多少，再进行适当调整，所以叫试差法。调整时可通过某些饲料的含量和比例，直到所有营养指标都基本满足营养标准为止。调整的顺序为能量、蛋白质、磷、钙、蛋氨酸、赖氨酸食盐等。

下面以配蛋鸡饲料的配方过程，说明使用试差法的计算方法。

第一步：确定营养需要，查蛋鸡的营养标准（表 4–2）。

表 4–2　蛋鸡的营养标准

代谢能（兆焦）	粗蛋白质（%）	钙（%）	磷（%）
11.54	16.5	3.5	0.6

第二步：掌握饲料原料的营养成分。已知原料及其营养成分见表 4–3。

表 4–3　饲料原料及其营养成分

饲料名称	代谢能（兆焦/千克）	粗蛋白质（%）	钙（%）	磷（%）
黄玉米	14.02	8.5	0.02	0.21
高粱	12.93	8.5	0.07	0.11
麦麸	7.11	13.5	0.22	1.09
豆饼	10.04	42.1	0.27	0.63
菜籽饼	8.62	31.5	0.61	0.95
鱼粉	9.83	53.6	3.16	0.17
血粉	9.92	80.2	0.30	0.23
骨粉			30.12	13.46
贝壳粉			38.10	0.07

第三步：初拟配方。根据营养需要、饲料供应情况、饲料营养成分和参照典型日粮或经验配方，首先粗略制订一饲料配方成分如下（表 4–4）。

表 4-4　粗略制定一饲料配方成分

饲料	配方（%）	代谢能（兆焦）	粗蛋白质（%）	钙（%）	磷（%）
黄玉米	59	8.27	5.015	0.0118	0.1239
高粱	10	1.29	0.85	0.007	0.011
麦麸	3	0.21	0.45	0.066	0.0327
豆饼	9	0.90	3.789	0.0234	0.0567
菜籽饼	5	0.43	1.575	0.0305	0.0465
鱼粉	5	0.49	2.68	0.158	0.0585
血粉	2	0.20	1.602	0.036	0.0046
骨粉	2			0.602	0.2692
贝壳粉	5			1.905	0.0035
饲料标准		11.54	16.50	3.50	0.60
总计	100	11.79	15.961	2.8397	0.60
与标准比较		+ 0.25	- 0.539	- 0.6603	0

第四步：调整。由上述初拟配方可以看出，能量多了 0.25 兆焦，粗蛋白质缺 0.539%、钙缺 0.660 3%。因此，在少量减少能量的同时，要适当增加粗蛋白质和钙含量。设想用豆饼代替玉米，每增加 1% 豆饼，减少 1% 玉米时，粗蛋白质增加 0.336%，能量减少 0.042 兆焦，钙增加 0.002 5%，磷增加 0.004 2%。如豆饼增加 2%，玉米减少 2%，那么，总能量为 11.71 兆焦，粗蛋白质为 16.75%，钙为 2.745%，磷为 0.060 8%，结果能量还多 0.20 兆焦，粗蛋白质基本符合要求。钙仍差 0.755%，磷已满足要求。如增加 2% 的贝壳粉，减少 2% 的玉米，则能量为 11.43 兆焦，粗蛋白质为 16.42%，钙为 3.51%，磷为 0.6%。调整后的配方归纳见表 4-5。

表 4-5　调整后的配方

饲料	配方（%）	代谢能（兆焦）	粗蛋白质（%）	钙（%）	磷（%）
黄玉米	55	7.71	4.67	0.011	0.1155
高粱	10	1.29	0.85	0.007	0.011

饲料	配方（%）	代谢能（兆焦）	粗蛋白质（%）	钙（%）	磷（%）
麦麸	3	0.21	0.45	0.066	0.0327
豆饼	11	1.10	4.63	0.0297	0.0693
菜籽饼	5	0.43	1.575	0.0305	0.0465
鱼粉	5	0.49	2.68	0.158	0.0585
血粉	2	0.20	1.602	0.036	0.0046
骨粉	2			0.602	0.2692
贝壳粉	7			2.667	0.0049
饲料标准		11.54	16.50	3.50	0.60
总计	100	11.43	16.457	3.61	0.61
与标准比较		- 0.11	- 0.043	+ 0.11	+ 0.01

3. 计算机

随着养殖业集约化和配合饲料工业产业化的发展，要求配方设计采用多种饲料原料，而且需要计算的营养成分指标也增多，还得考虑降低饲料成本、节约饲料资源等，用手工计算方法很难达到，而且又相当烦琐，所以就需要借助计算机进行配方优化。采用计算机设计配方，是借助一定的数学模型，并将其编织成软件，在计算机上完成饲料配方的设计。

4. 土鸡散养期饲料的配制方法

土鸡散养期饲料配制的方法与其他家禽或家畜饲料配制方法一样。小规模饲养场多根据营养标准，以试差法设计配方。规模型鸡场或饲料厂，目前多使用配方软件，既快捷，又精确。但是，无论采用哪种方法，都必须了解土鸡营养的特殊性，所用饲料的大体比例。根据多年来实践经验，配制土鸡放养期精料补充料的不同饲料原料的大致比例见表 4–6。

表 4–6　散养土鸡饲料配制不同原料的大致比例关系　　（%）

项　目	育雏期	育成期	开产期	产蛋高峰期	其他产蛋期
能量饲料	69~71	70~72	68~70	64~66	65~68

项　目	育雏期	育成期	开产期	产蛋高峰期	其他产蛋期
植物性蛋白饲料	23~25	12~13	18~20	19~21	17~19
动物性蛋白饲料	1~2	0~2	2~3	3~5	2~3
矿物质饲料	2.5~3.0	2~3	5~7	9~10	8~9
植物油	0~1	0~1	0~1	2~3	1~2
限制性氨基酸	0.1~0.2	0~0.1	0.1~0.25	0.2~0.3	0.15~0.25
食盐	0.3	0.3	0.3	0.3	0.3
营养性添加剂	适量	适量	适量	适量	适量

根据以上提供的不同饲料原料的大致比例，即可用不同的饲料配合方法设计配方。在配方设计时，不同原料的用量要灵活掌握。例如，能量饲料主要有玉米、高粱、次粉和麸皮。由于高粱含有的单宁较多，用量应适当限制。麦麸的能量含量较低，在育雏期和产蛋期用量不可太多，否则将达不到营养标准；另外，动物性蛋白饲料主要是优质鱼粉、蝇蛆粉、黄粉虫粉。尽量不用土作坊生产的皮革粉或肉骨粉；油脂对于提高能量含量起到重要作用，但选用油脂最好使用无毒、无刺激和无不良气味的植物油脂，不应选用羊油、牛油等有膻味的油脂，以防将这种不良气味带到产品中去，影响适口性，降低产品品质。

关于沙砾的添加，一般笼养鸡有意识地添加一些小石子，以帮助消化。但在放养期间鸡可自由采食自己所需要的营养物质。田间或草地中，特别是山场，有丰富的沙石，可不必另外添加。

青饲料的添加问题。在放养期间，由于鸡可采食大量的青绿饲料，因此，没有必要在补充的饲料中额外添加。但是在育雏后期，为了使小鸡适应放养期的饲料，可逐渐在配合饲料中添加 10%~30% 的优质青饲料；在冬季产蛋期，为了保证鸡蛋蛋黄色度和降低胆固醇，可在配合饲料中增加 10%~15% 的优质青饲料（如蔬菜）或添加 5% 左右的优质青干草。

5. 土鸡各阶段配方实例

（1）土鸡育雏期推荐参考配方如下（%）

配方 1：玉米 45、碎米 18、小麦 12、豆饼 20、鱼粉 3、骨粉 2、

食盐适量。

配方 2：玉米粉 53.2、麸皮 8、豆饼粉 22、菜籽饼粉 6、鱼粉 6、骨粉 2、贝壳粉 2、多维素 0.5、食盐 0.3。

配方 3：玉米 45%、碎米 18%、小麦 12%、豆饼 20%、鱼粉 3%、骨粉 2%，食盐适量。

（2）土鸡育成期参考配方如下（%）

配方 1：玉米 20、碎米 15、小麦 10、豆（糠）饼 30、碎青料 20、微量元素 3、食盐 1、小苏打 1。

配方 2：玉米 55、豆粕 10、鱼粉 1、麸皮 16、统糠 16、骨粉 1、盐 0.3、蛋氨酸 0.2、微量元素 0.35、氯化胆碱 0.15。

配方 3：玉米 20、碎米 15、小麦 10、豆饼（糠）饼 30、碎青料 20、微量元素 3、食盐 1、小苏打 1。其中鱼粉、骨粉可自制，收集蚌肉、畜禽骨等晒干烘透粉碎即成。可以让鸡任意采食，不限量。

（3）土鸡产蛋期参考配方如下（%）

配方 1：玉米粉 62、小麦粉 17、豆饼粉 12、鱼粉 4、滑石粉 1、贝壳粉 2.6、生长素 0.5、多维素 0.5、食盐 0.4。

配方 2：玉米 62、豆粕 20、菜籽粕或棉籽粕 6、贝壳粉 2、预混料 5、其他青饲料或纤维饲料 5。

配方 3：玉米 60、豆粕 24、鱼粉 3、麸皮 10、骨粉 2、蛋氨酸 0.2、盐 0.3、微量元素 0.35、氯化胆碱 0.15。

配方 4：玉米 65、豆粕 26、鱼粉 5、骨粉 3、蛋氨酸 0.3、盐 0.3、微量元素 0.25、氯化胆碱 0.15。

配方 5：玉米 61、豆粕 18、鱼粉 3、麸皮 6、骨粉 1.5、菜籽饼 5、石粉 5、盐 0.3、微量元素 0.1、氯化胆碱 0.1。

三、开拓非常规饲料资源，育虫养鸡

饲料中加 10% 的昆虫，土鸡增重可提高 15%，产蛋率可提高 25%。采用人工育虫喂鸡成本低，是解决土鸡放养中缺少动物性蛋白质饲料的有效方法。

1. 稀粥育虫法

选3小块地轮流在地上泼稀粥，然后用草等盖好，2天后滋生小虫子，轮流让鸡去吃虫子即可。注意防雨淋、防水浸。

2. 稻草育虫法

将稻草铡成3~7厘米长的碎草段，加水煮沸1~2小时，埋入事先挖好的长100厘米、宽67厘米、深33厘米的土坑内，盖上6~7厘米厚的污泥，然后用稀泥封平。每天浇水，保持湿润，8~10天便可生出虫蛆。扒开草穴，驱鸡自由觅食。一个这样的土坑，育出的虫蛆可供10只小鸡吃2~3天。此法可根据鸡群的数量来决定挖坑的多少。虫蛆被吃完后，再盖上污泥继续育虫。

3. 秸秆育虫法

在能避开阳光的湿润地方，挖一个深1米的地坑（一般1只鸡挖1米^{3}即可）。装料时，先在底部铺上一层瓜果皮或植物秸秆、杂草或其他垃圾，随即浇上一层人尿（湿润为宜），然后盖上一层约33厘米厚的垃圾，浇上一些水，最后再堆放上各种垃圾，直到略高于地面，用泥土把它封闭，时常浇上一些淘米水（不要过湿），2周后开坑，里面就会长出许多虫子。

4. 树叶、鲜草育虫法

用鲜草或树叶80%、米糠20%，混合后拌匀，并加入少量水煮熟，倒入瓦缸或池内，经5~7天，便能育出大量虫蛆。

5. 鸡粪育虫法

将鸡粪晒干、捣碎后混入少量米糠、麦麸，再与稀泥拌匀并成堆，用稻草或杂草盖平。堆顶做成凹形，每天浇污水1~2次，15天左右便可出现大量小虫，然后驱鸡觅食。虫被吃完后，将堆堆好，几天后又能生虫喂鸡。如此循环，每堆能生虫多次。

6. 牛粪育虫法

将牛粪晒干、捣碎，混入少量米糠、麸皮，用稀泥拌匀，堆成直径100~170厘米、高100厘米的圆堆，用草帘或乱草盖严，每天浇

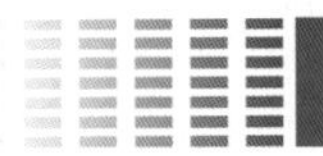

水 2~3 次，使堆内保持半干半湿状态。15 天左右便可生出大量虫蛆，翻开草帘，驱鸡啄食。虫被吃完后，再如法堆起牛粪，经 2~3 天又会生出许多虫蛆，可继续喂鸡。

7. 鸡毛、酒糟育虫法

用鸡毛、酒糟、草皮、垃圾等加水混合拌成糊状堆放在一起，用烂泥盖好，10 天左右就会长出小虫。一般鸡毛越多，酒糟越多，长虫越快。

8. 豆腐渣育虫法

将豆腐渣 1~1.5 千克，直接置于水缸中，加入淘米水 1 桶，2 天后再盖缸盖，经 5~7 天，便可生出虫蛆，把虫捞出洗净喂鸡。虫蛆吃完后，再添些豆腐渣，继续育虫喂鸡。如果用 6 个缸轮流育虫，可供 50~60 只小鸡食用。

9. 酒糟、麸皮育虫法

选择潮湿的地方，根据料的多少，挖一个深约 30 厘米的土坑，在坑底上铺一层碎稻草，然后把碎稻草或麦秆、玉米秸秆切成 5~6 厘米长的段，并加入杂草，再掺入麸皮、酒糟，浇水拌匀，置于坑内，最后用土盖实盖严。在气温 30℃以上时，15 天左右便可生虫喂鸡。

10. 松针育虫法

挖一个深 70~100 厘米，长、宽不限的土坑，放入 30~50 厘米厚的松针，倒入适量的淘米水，再盖上 30 厘米厚的土，7 天后，便可生出大量虫蛆，挖开土驱鸡啄食。虫被吃完后，可再填上松针，继续育虫喂鸡。

11. 黄豆、花生饼育虫法

取黄豆 0.6 千克，花生饼 0.5 千克，猪血 1~1.5 千克，将三者混合均匀，密封在水缸中，在 25℃左右条件下，经 4~5 天便可生出虫蛆，而且虫蛆量一天天增多，可供 50 只肉鸡食用。这种虫蛆个体大，富含蛋白质及维生素，营养丰富，易被鸡消化和吸收，效果则接近于优质鱼粉。据试验，50 天内肉鸡体重即可达到 2 千克。

第五章 土鸡育雏期的饲养管理

第一节　进雏准备与雏鸡的挑选

虽然育雏期时间短暂，但雏鸡阶段（0~6 周龄，图 5-1）是鸡一生最重要的阶段。这段时间出现的任何失误，都不能在今后进行改进和调整，并将严重影响以后的成活率，并直接影响经济效益。

一、土鸡育雏的目标

（一）育雏成活率高、均匀度好

1. 健康雏鸡群成活率

健康雏鸡群成活率应该是：1 周龄达 99%~99.5%，6 周龄时应该

图 5-1　健康的雏鸡两眼炯炯有神

不低于 98%。

2. 均匀度

均匀度是指鸡群中个体体重在“平均体重 ± 10%”内的鸡只数所占全群的百分比。均匀度在 80%~85% 为合格鸡群，85%~90% 为良好鸡群，90% 以上为优秀鸡群。

（二）体重达标、骨骼发育良好

5 周龄体重与土蛋鸡产蛋期各主要性能指标呈很强的正相关。即 5 周龄体重越大，产蛋期各生产性能指标越高、存活率越高。

骨骼的发育指标以胫长为标志。体重与胫长双重标准的意义，若胫长长体重轻，或胫长短体重大，这些档次的鸡都属于低产鸡；只有体重和胫长都达标的鸡才是高产鸡。

二、雏鸡的生理信号

① 雏鸡是比较适合运输的动物，因在出雏的 2 天内，雏鸡仍处于后发育状态（图 5–2）。

② 雏鸡脐部在 72 小时内是暴露在外部的伤口，72 小时后会自己愈合并结痂脱落。

③ 雏鸡卵黄囊重 5~7 克，内含有供雏鸡生命所需的各种营养物质，雏鸡靠它能存活 5~7 天。雏鸡开始饮水、采食越早，卵黄吸收越快。

三、进雏前的准备

（一）鸡舍的清洗与消毒

在清扫的基础上用高压水对空舍天棚、地面、笼具等进行彻底冲洗

图 5–2　处于后发育状态的雏鸡

（图 5–3），做到地面、墙壁、笼具等处无粪块。地面上的污物经水浸泡软化后，用硬刷刷洗后，再冲洗。如果鸡舍排水设施不完善，则应在一开始就用消毒液清洗消毒，同时对被清洗的鸡舍周围喷洒消毒药。

对鸡舍的墙壁、地面、笼具等不怕燃烧的物品，对残存的羽毛、皮屑和粪便，可进行火焰消毒（图 5–4）。

图 5–3　高压水枪冲洗空棚

图 5–4　火焰消毒

鸡舍可进行熏蒸消毒。关闭鸡舍门窗和风机，保持密闭完好；按每立方米空间用福尔马林（37% 甲醛溶液），（图 5–5）42 毫升，高锰酸钾（图 5–6）21 克，先将水倒入耐腐蚀容器（如陶瓷盘）内，然后加入高锰酸钾，均匀搅拌，再加入福尔马林，人即离开。鸡舍密

图 5–5　甲醛

图 5–6　高锰酸钾

闭熏蒸24小时以上，如不急用，可密闭2周。消毒结束后，打开鸡舍门窗，通风换气2天以上，等甲醛气体完全消散后再使用。

消毒液的喷洒（图5-7）次序应该由上而下，先房顶、天花板，后墙壁、固定设施，最后是地面，不能漏掉被遮挡的部位。注意消毒药液要按规定浓度配制。鸡舍角落及物体背面，消毒药液喷洒量至少是每立方米3毫升。消毒后，最好空舍2~3周。

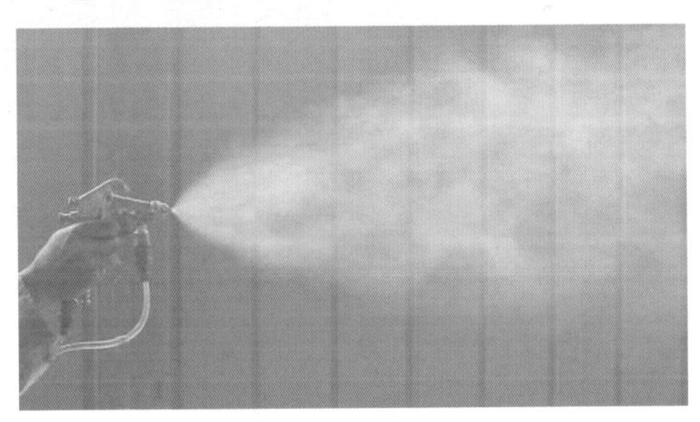

图5-7　喷洒消毒液

（二）铺设垫料，安装好水槽、料槽

至少在雏鸡到场一周前在育雏地面上铺设5~7厘米厚的新鲜垫料（图5-8），以隔离雏鸡和地板，防止雏鸡直接接触地板而造成体温下降。作为鸡舍垫料，应具有良好的吸水性、疏松性，干净卫生，不含霉菌和昆虫（如甲壳虫等），不能混杂有易伤鸡的杂物，如玻璃片、钉子、刀片、铁丝等。

图5-8　铺好垫料的育雏舍

网上育雏时，为防止鸡爪伸入网眼造成损伤，要在网床上铺设育雏垫纸、报纸或干净并已消毒的饲料袋（图5-9）。

这些装运垫料的饲料袋子，可能进过许多鸡场，有很大潜在的传染性，不能掉以轻心，绝对不能进入生产区内（图5-10）。育雏期最

少需要的饲养面积或长度见表 5-1

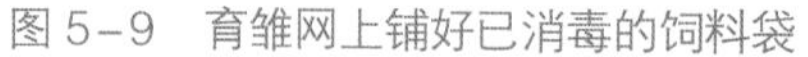

图 5-9　育雏网上铺好已消毒的饲料袋

图 5-10　装运垫料的饲料袋子

表 5-1 育雏期最少需要的饲养面积或长度（0~4 周龄）

饲养面积：垫料平养	11 只 / 米 ^{2}
采食位：（链式）料槽 圆形料桶（42 厘米） 圆形料盘（33 厘米）	5 厘米 / 只 8~12 只 / 桶 30 只 / 盘
饮水位：水槽 乳头饮水器 钟形饮水器	2.5 厘米 / 只 8~10 只 / 个 1.25~1.5 厘米 / 只

（三）正确设置育雏围栏（隔栏）

鸡的隔栏饲养法（图 5-11、图 5-12）有很多好处，主要表现在以下几方面。

① 一旦鸡群状况不好，便于诊断和分群单独用药，减少用药应激。

② 有利于控制鸡群过大的活动量。

③ 鸡铺隔栏可便于观察区域性鸡群是否有异常现象，利于淘汰

图 5-11　做好隔栏

图 5-12　雏鸡在隔栏内饲养

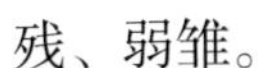

残、弱雏。

④ 当有大的应激出现时（如噪声、喷雾等），可减少由应激所造成的不必要损失。

⑤ 接种疫苗时，小区域隔栏可防止人为造成鸡雏扎堆、热死、压死等现象发生。

⑥ 做隔栏的原料可用尼龙网或废弃塑料网。高度为 30~50 厘米（与边网同高），每 500~600 只鸡设一个隔栏。

⑦ 可避免鸡的大面积扎堆、压死鸡现象的发生，减少损失。

若使用电热式育雏伞（图 5–13），围栏直径应为 3~4 米；若使用红外线燃气育雏伞，围栏直径应为 5~6 米。用硬卡纸板或金属制成的坚固围栏可较好地保护雏鸡不受贼风侵袭，使雏鸡围护在保温伞、饲喂器和饮水器的区域内（图 5–14）。

图 5–13　电热式育雏伞

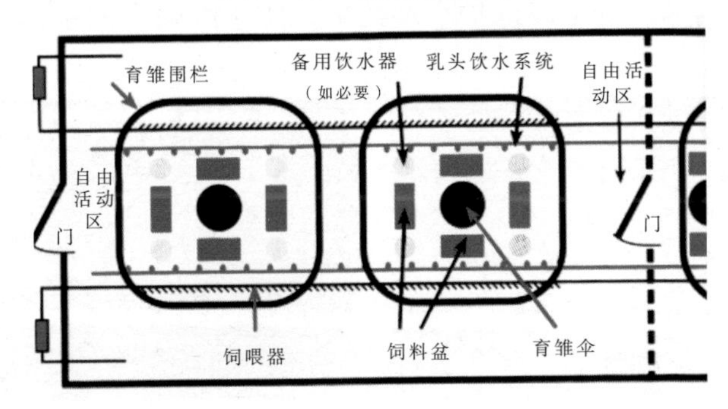

图 5–14　育雏伞育雏示意图

（四）鸡舍的预温

雏鸡入舍前，必须提前预温，把鸡舍温度升高到合适的水平，对雏鸡早期的成活率至关重要。提前预温还有利于排除残余的甲醛气体和潮气。育雏舍地表温度可用红外线测温仪测定（图 5–15、图 5–16）。

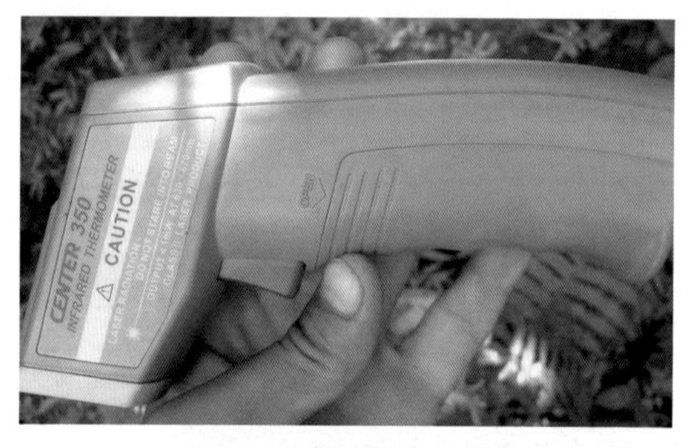

图 5–15　可用红外线测温仪测定鸡舍温度

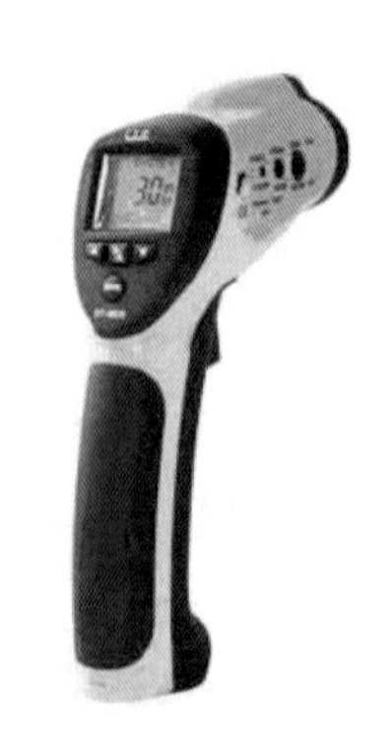

图 5–16　红外线测温仪

一般情况下，建议冬季育雏时，鸡舍至少提前 3 天（72 小时）预温；而夏季育雏时，鸡舍至少提前一天（24 小时）预温。若同时使用保温伞育雏，则建议至少在雏鸡到场前 24 小时开启保温伞，并使雏鸡到场时，伞下垫料温度达到 29~31℃。

使用足够的育雏垫纸或直接使用报纸（图 5–17）或薄垫料隔离雏鸡与地板，有利于鸡舍地面、墙壁、垫料等在雏鸡到达前有足够的时间吸收热量，也可以保护小鸡的脚，防止脚陷入网格而受伤（图 5–18）。

图 5–17　使用报纸堵塞网眼

图 5–18　雏鸡脚进入网眼易损伤

（五）饮水的清洁与预温

保证雏鸡的饮水清洁至关重要。检查饮水加氯系统，确保饮水加氯消毒，开放式饮水系统应保持 3 毫克 / 千克水平，封闭式系统在系统末端的饮水器处应达到 1 毫克 / 千克水平。因为育雏舍已经预温，温度较高，因此，在雏鸡到达的前一天，将整个水线中已经注满的水更换掉（图 5–19），以便雏鸡到场时，水温可达到 25℃，而且保证新鲜。

图 5–19　雏鸡到达前已铺好垫料并预温

四、1 日龄雏鸡的挑选

雏鸡在正规的规模化孵化场孵出蛋壳，从出雏器转移出来后，就已经历了相当多的操作，如挑拣分级（图 5–20），对出壳后的雏鸡进行个体选择，选留健雏，剔除弱雏和病雏（图 5–21）；公母鉴别；有的甚至已经做过免疫接种，如对出壳后的雏鸡进行马立克氏病疫苗的免疫接种（图 5–22）。

图 5–20　雏鸡挑拣分级

图 5–21　剔除弱雏和病雏

图 5–22　雏鸡马立克氏病疫苗免疫接种

评价1日龄雏鸡的质量，需要对雏鸡个体进行检查，然后做出判断。检查内容见表5-2。

表5-2 1日龄雏鸡的检查内容

雏鸡个体的检查内容	健康雏鸡（A雏）	弱雏（B雏）
反射能力	把雏鸡放倒，它可以在3秒内站起来	雏鸡疲惫，3秒后才可能站起来
眼睛	清澈，睁着眼，有光泽	眼睛紧闭，迟钝
肚脐	脐部愈合良好，干净	脐部不平整，有卵黄残留物，脐部愈合不良，羽毛上粘有蛋清
脚	颜色正常，不肿胀	跗关节发红、肿胀，跗关节和脚趾变形
喙	喙部干净鼻孔闭合	喙部发红，鼻孔较脏、变形
卵黄囊	胃柔软，有伸展性	胃部坚硬，皮肤紧绷
绒毛	绒毛干燥有光泽	绒毛湿润且发黏
整齐度	全部雏鸡大小一致	超过20%的雏鸡体重高于或低于平均值
体温	体温应在40~40.8℃	体温过高：高于41.1℃，体温过低，低于38℃，雏鸡到达后2~3个小时内体温应为40℃

健康的雏鸡应该在3秒内站立起来，即使是把雏鸡放倒，它也会在3秒内自行站立（图5-23）。

健康的雏鸡两眼清澈，炯炯有神（图5-24）；喙部干净，鼻

图5-23 雏鸡站立

图5-24 健康雏鸡两眼清澈有神

孔闭合；绒毛干燥有光泽（图5-25）；大小一致，均匀度好；脐部愈合良好，干净无污染；脚部颜色正常，无肿胀。

图 5-25　健康雏鸡绒毛干燥有光泽

检查脐部（图 5-26），看是否有闭合不良的情况，如由卵黄囊未完全吸收，造成脐部无法完全闭合。这些脐部闭合不良的雏鸡发生感染的风险较高，死亡率也高。必须留意接到的雏鸡中脐部闭合不良的比例有多高，及时与孵化场进行沟通。若无堵塞物，脐部随后还可以闭合。

图 5-26　雏鸡脐部检查

雏鸡肛门上有深灰色水泥样凝块（图 5-27），通常是由于严重的细菌如沙门氏菌感染或是肾脏机能失调造成的。应该立即淘汰这些雏鸡。腹膜炎会影响肠道蠕动，造成尿失禁。一旦干燥，就会形成水泥样包裹，通常在应激时发生。雏鸡肛门上有深灰色铅笔样形状糊肛（图 5-28），还没有太坏

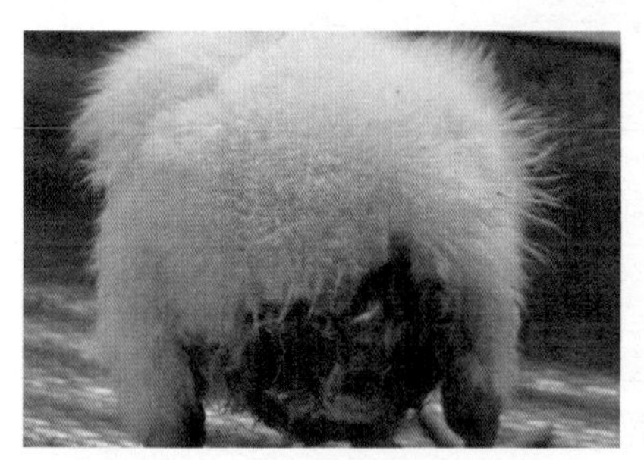
图 5-27　有明显糊肛的雏鸡

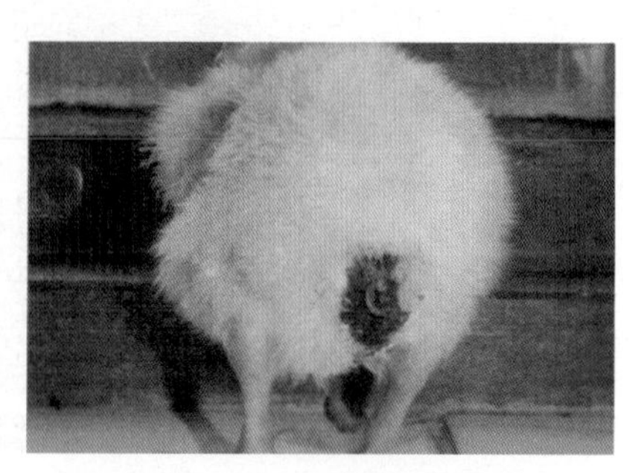
图 5-28　有深灰色铅笔样糊肛的雏鸡

的影响。

雏鸡出壳后1小时即可运输。一般在雏鸡绒毛干燥可以站立至出壳后36小时前这段时间为佳，最好不要超过48小时，以保证雏鸡按时开食、饮水。挑选好的雏鸡，用专用优质运雏箱（图5–29）盛装，每个箱子中分四个小格，每格放20~25只雏鸡，也可用专用塑料筐。

图5–29 雏鸡专用运雏箱

夏季运输尽量避开白天高温时段。运输前要对运雏车辆、运雏箱、工具等进行消毒，并将车厢内温度调至28℃左右。在运输过程中尽量使雏鸡处于黑暗状态。车辆运行要平稳，30分钟左右开灯观察1次雏鸡的表现，出现问题要及时处理。

运雏车到场后，应迅速将雏鸡从运雏车内移出。雏鸡盒放到鸡舍后，不能码放，要平摊在地上（图5–30，图5–31），同时要随手去

图5–30 将运雏箱装入车中，箱间要留有间隙，码放整齐，防止运雏箱滑动

图 5-31　雏鸡盒放到鸡舍后要平摊在地上

掉雏鸡盒盖，并在半小时内将雏鸡从盒内倒出，散布均匀。根据育雏伞育雏规模，将正确数量的雏鸡放入育雏围栏内。空雏鸡盒应搬出鸡舍并销毁。

有的客户在接到雏鸡后要检查质量和数量，一定要先把雏鸡盒卸下车，并摊开放置，再指派专人去查。不能在车内抽查或在鸡舍内全群检查，这样往往会造成热应激而得不偿失。

第二节　土雏鸡的管理

一、土雏鸡的正常行为

1 日龄土雏鸡的正常行为：行为是一切自然演变的重要表达。每隔数小时就应该检查鸡的行为，不止是在白天，夜间也同样需要进行行为观察。

① 鸡群均匀地分布在鸡舍内各个区域，说明温度是合适的。

② 鸡群扎堆在某个区域，行动迟缓，看上去很茫然，说明温度过低。

③ 鸡总是避免通过某个区域，说明那里有贼风。

④ 鸡打开翅膀趴在地上，看上去在喘气并发出唧唧声，说明温度过高。

二、育雏温度与通风的管理

（一）适宜的育雏温度

1. 学会看鸡施温

温度是否合适，不能由饲养员自身的舒适与否来判断，也不能只参照温度计，应该观察雏鸡个体的表现。温度适宜时，雏鸡均匀地散在育雏室内，精神活泼、食欲良好、饮水适度。

温度合适与否的主要信号如下。

图 5-32 中，雏鸡张口呼吸，翅膀张开，是个体温度偏高的信号；图 5-33 中，温度比较适宜，会发现鸡群分布均匀，吃料有序，有卧有活动的，卧式也比较舒服；图 5-34 中，温度偏高，鸡群躲在围栏边缘处，但卧式也较好，只表示温度略偏高些，鸡群也能适应，这只是表示鸡群想远离热源。若温度再高，就出现图 5-35、图 5-36 中的现象，鸡群不再静卧，会出现张口呼吸、翅膀下垂的情况。

图 5-32 温度偏高的个体信号（张口呼吸，翅膀张开）

图 5-33 鸡群分布均匀，吃料有序，卧式也比较舒服

图 5-34 温度明显偏高，鸡群躲在围栏边缘处

图 5-35 温度过高，雏鸡张口呼吸

2. 不同育雏法的温度管理

① 温差育雏法。就是采用育雏伞作为育雏区域的热源进行育雏。前 3 天，在育雏伞下保持 35℃，此时育雏伞边缘有 30~31℃，而育雏舍其他区域只需要有 25~27℃即可。这样，雏鸡可根据自己的需要，在不同温层下进进出出，有利于刺激其羽毛的生长，将来脱温后雏鸡将很强壮并且很好养。

图 5-36 温度过高，雏鸡翅膀张开

随着雏鸡的长大，育雏伞边缘的温度应每 3~4 天降 1℃左右，直到 3 周龄后，基本降到与育雏舍其他区域的温度相同（22~23℃）即可。此后，可以停止使用育雏伞。

雏鸡的行为和鸣叫声将表明鸡只舒适的程度。如果育雏期内雏鸡过于喧闹，说明鸡只不舒服。最常见的原因是温度不太适宜。

育雏伞下温度是否合适，可通过观察雏鸡的分布情况来判断（图5-37）。

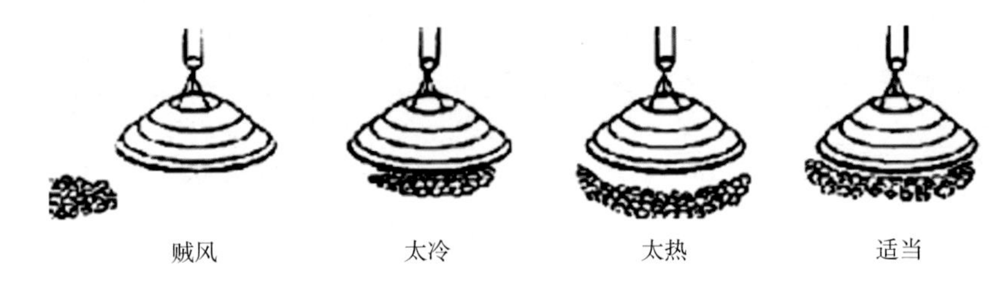

图 5-37　育雏伞下育雏的温度变化与雏鸡表现

雏鸡受冷应激时，雏鸡会堆挤在育雏伞下，如育雏伞下温度太低，雏鸡就会堆挤在墙边或鸡舍支柱周围，雏鸡也会乱挤在饲料盘内，肠道和盲肠内物质呈水状和气态，排泄的粪便较稀且出现糊肛现象。育雏前几天，雏鸡因育雏温度不够而受凉，会导致死亡率升高、生长速率降低（体重最低要超过 20%）、均匀度差、应激大、脱水以及较易发生腹水症的后果。

雏鸡受热应激时，雏鸡会俯卧在地上并伸出头颈张嘴喘气。雏鸡会寻求舍内较凉爽、贼风较大的地方，特别是远离热源沿墙边的地方。雏鸡会拥挤在饮水器周围，使全身湿透。饮水量会增加。嗉囊和肠道会由于过多的水分而膨胀。脱水可导致死亡率高，出现矮小综合征和鸡群均匀度差；饲料消耗量降低，导致生长速率和均匀度差；最严重的情况下，由于心血管衰竭（猝死症）的死亡率较高。

② 整舍取暖育雏法。与温差育雏法（也叫局域加热育雏法）不同的是，整舍取暖育雏法采用锅炉作为热源，在舍内通过暖气片（或热风机）散热供暖；或者采用热风炉作为热源供暖。因此，整舍取暖育雏法也叫中央供暖育雏法。

由于不使用育雏伞，鸡舍内不同区域没有明显的温差，所以利用雏鸡的行为作温度指示有点困难。这样雏鸡的叫声就成了雏鸡不适的仅有指标。只要给予机会，雏鸡愿意集合在温度最适合其需要的地方。在观察雏鸡的行为时要特别小心。雏鸡可能集中在鸡舍内的某个地方，显示出成堆集中的现象，但别以为这就是因为鸡舍内温度过低的缘故，有时候，这也可能是因为鸡舍其他地方太热了。一般来说，如果雏鸡均匀分散，就表明温度比较理想（图 5–38）。

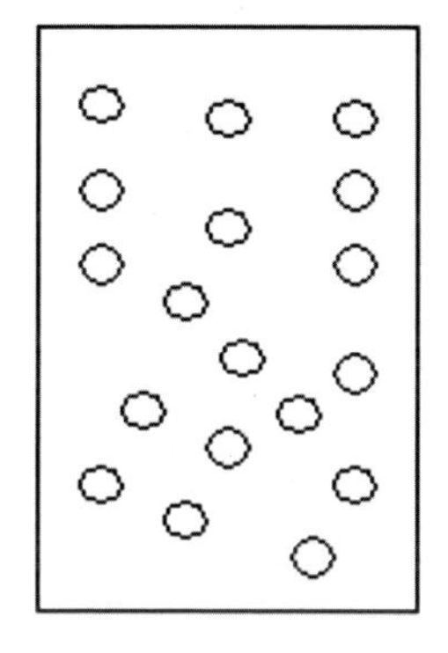

温度过高

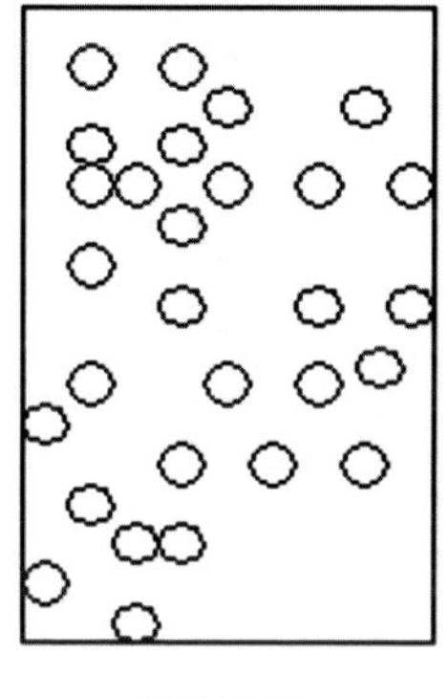

温度适宜

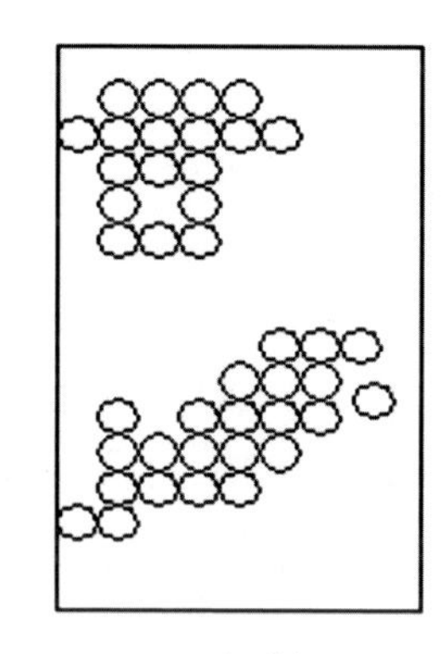

温度过低

图 5–38　整舍取暖育雏法育雏温度的观察

在采用整舍取暖育雏时，前 3 天，在育雏区内，雏鸡高度的温度应保持在 29~31℃。温度计（或感应计）应放在离地面 6~8 厘米的位置，这样才能真实反映雏鸡所能感受的真实温度。以后，随着雏鸡的长大，在雏鸡高度的温度应每 3~4 天降 1℃左右，直到 3 周龄后，基本降到 21~22℃即可。

以上两种育雏法的育雏温度可参考表 5–3 执行。

表 5–3　不同育雏法育雏温度参考值

整舍取暖育雏法		温差育雏法		
日龄	鸡舍温度(℃)	日龄	育雏伞边缘温度（℃）	鸡舍温度（℃）
1	29	1	30	25
3	28	3	29	24
6	27	6	28	23
9	26	9	27	23
12	25	12	26	23
15	24	15	25	22

续

整舍取暖育雏法		温差育雏法		
日龄	鸡舍温度(℃)	日龄	育雏伞边缘温度(℃)	鸡舍温度(℃)
18	23	18	24	22
21	22	21	23	22

3. 通风

自然通风的一个劣势就是，如果没有自然风，鸡舍内就没有通风可言。必要时，可以用附属的风机增加通风量。自然通风的鸡舍，通风可以影响内部气候，太高的空气流速会造成贼风，贼风可能会在鸡舍不同位置突然发生；防风林带和鸡舍外的墙，都会起到减少风的影响的作用（图 5-39），在密闭鸡舍，防风装置可以安装在进风口前适合的位置。

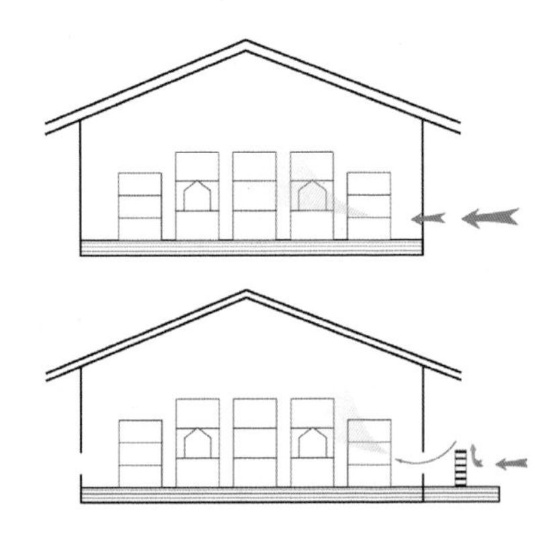

图 5-39　鸡舍外的墙可减弱贼风影响

这是一个典型的有贼风的例子，雏鸡全部聚集在圆形挡板处，以躲避贼风（图 5-40）。

确保在育雏的最初几天关闭进风口和门窗，以防止贼风（图 5-41）。如果育雏舍的光照强度弱，且自然光照时间短可以使用舍内

图 5-40　贼风的例子

图 5-41　堵塞窗口防止贼风

光照系统，适时、适当补充光照。

三、育雏湿度的管理

舍内湿度合适的标志：人感觉湿热、不口燥，雏鸡胫趾润泽细嫩，活动无许多灰尘。

雏鸡进入育雏舍后，必须保持适当的相对湿度，最少55%。寒冷季节，当需要额外的加热，假如有必要，可以安装加热喷头，或者在走道泼洒些水，效果较好（图5-42）；当湿度过高时，可使用风机通风（表5-4）。

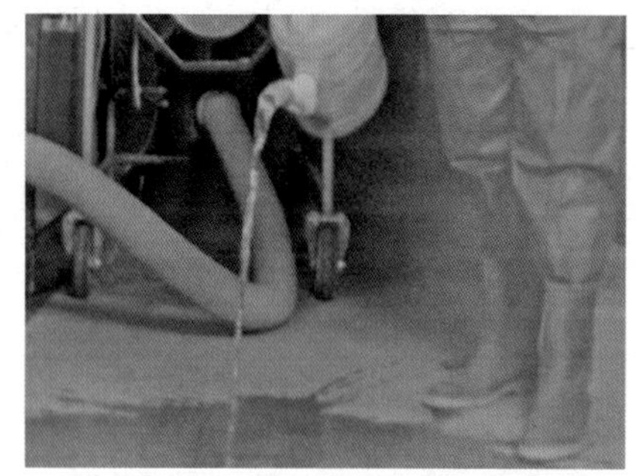

图5-42　在走道里洒水提高湿度

表5-4　在不同的相对湿度下达到标准温度所对应的干球温度

日龄（天）	目标温度（℃）	相对湿度（%）	不同相对湿度下的温度（℃）理想范围			
			50%	60%	70%	80%
0	29	65~70	33.0	30.5	28.6	27.0
3	28	65~70	32.0	29.5	27.6	26.0
6	27	65~70	31.0	28.5	26.6	25.0
9	26	65~70	29.7	27.5	25.6	24.0
12	25	60~70	27.2	25.0	23.8	22.5
15	24	60~70	26.2	24.0	22.5	21.0
18	23	60~70	25.0	23.0	21.5	20.0
21	22	60~70	24.0	22.0	20.5	19.0

你是否注意过鸡舍地面的颜色？如果是暗黑色，那就是太潮湿（图5-43），应该立即增加通风量。同时检查这种情况是整个鸡舍都存在还是仅仅发生在某个区域。

图5-43　鸡舍地面潮湿时呈暗黑色

第六章 雏鸡脱温与育成期散养

第一节　土鸡育成期的生理特点与一般管理

雏鸡 7~21 周龄是育成期阶段。育成期饲养管理的好坏，决定了鸡在性成熟后的体质、产蛋性能和种用价值。

一、土鸡育成期的生理特点

育成期仍处于生长迅速、发育旺盛的时期，机体各系统的机能基本发育健全；羽毛已经丰满，换羽已经长出成羽，具备了体温自体调节能力；消化能力日趋健全，食欲旺盛；钙、磷的吸收能力不断提高，骨骼发育处于旺盛时期，此时肌肉发育最快；脂肪的沉积能力随着日龄的增长而增大，必须密切注意，否则鸡体过肥，对以后的产蛋量和蛋壳质量有极大的影响；体重的增长随日龄的增加而逐渐下降，但育成期仍然增重幅度最大；小母鸡从第 11 周龄起，卵巢滤泡逐渐积累营养物质，滤泡渐渐增大；18 周龄以后性器官发育更为迅速。由于 12 周龄以后性器官发育很快，对光照时间长短的反应非常敏感，不限制光照，将会出现过早产蛋等情况。

二、土雏鸡的脱温

脱温或称离温，是指停止保温，使雏鸡在自然的室温条件下生活。土雏鸡随着日龄的增长，采食量增大，体重增加，体温调节机能逐渐完善，抗寒能力较强，或育雏期气温较高，已达到育雏所要求的温度时，此时要考虑脱温。

脱温时间，春雏和冬雏一般在 30~45 日龄，夏雏和秋雏脱温时间较早。

脱温时，要注意天气的变化和雏鸡的活动状态，采取相应的措施，防止因温度降低而造成损失。

三、土雏鸡脱温后的一般饲养管理

鸡从第 6 周开始，应根据当地气温变化情况，训练脱温，先白天不给温，只在夜间给温，晴天不给温，阴天气温偏低时给温，然后逐渐减少每天给温次数，最后完全脱温。这一阶段应做好几方面的工作。

（一）放养棚舍

放牧鸡的地方必须有采食的饲料资源。搭建简易棚舍，供鸡晚上休息所用（图 6–1）。

（二）栖架

放养土鸡有登高栖息的习性，需要设置栖架（图 6–2）。如果鸡不能自动上架，饲养员应在夜间把鸡抱上架，训导鸡只形成归舍后尽量全部上架的习惯。

图 6–1　搭建简易棚舍

图 6–2　设置栖架

（三）调教

喂料饮水的调教：从育雏期开始，每次喂料时给鸡群相同的信号（如吹哨、敲打料盆等），使其形成条件反射（图 6–3、图 6–4）。放养后通过该信号指挥鸡群回舍、饲喂、饮水等活动。坚持放养定人，

图 6-3　吹哨调教

图 6-4　放养鸡听到信号后，飞回鸡舍吃料、饮水

喂料、饮水定时、定点，逐渐调教，形成白天野外采食，晚上返回鸡舍补饲、饮水、休息的习惯。

放牧调教：放养前一天下午或傍晚一次性把雏鸡转入放养地鸡舍，第 2 天早晨天亮后不要马上放鸡，要让鸡在鸡舍内停留较长的一段时间，以便熟悉新环境。等到上午 9 点以后再放出喂料。饲槽放在离鸡舍 1~5 米远的地方，让鸡自由觅食。开始几天，每天放养时间要短，以后逐日增加放养时间，并设围栏限制活动范围，然后再不断扩大放养面积。

第二节　土鸡育成期的放养管理

一、放养前的准备工作

（一）对放养地点进行检查

查看围栏是否有漏洞，如有漏洞应及时进行修补，减少鼠害、蛇、鹰等天敌的侵袭造成损失，在放养地搭建固定式鸡舍或安置移动式鸡舍，以便鸡群在雨天和夜晚的歇息。在放养前灭一次鼠，但应注意使用的药物，以免毒死鸡。

对鸡棚下地面进行平整、夯实，然后喷洒生石灰水等进行消毒。

（二）鸡群筛选

对拟放养的鸡群进行筛选，淘汰病弱、残疾鸡和体弱鸡。

（三）强化训练

雏鸡在育雏期即进行调教训练，育雏期在投料时以口哨声或敲击声进行适应性训练。放养开始时强化调教训练，在放养初期，饲养员边吹哨或敲盆边抛撒饲料，让鸡跟随采食；傍晚，再采用相同的方法，进行归巢训练，使鸡产生条件反射形成习惯性行为，通过适应性锻炼，让鸡群适应环境，放养时间根据鸡对放养环境的适应情况逐渐延长。

二、放养密度

放养应坚持“宜稀不宜密”的原则。根据林地、果园、草场、农田等不同生态饲养环境条件，其放养的适宜规模和密度也有所不同。不同放养场地养殖密度如下。

阔叶林（图 6–5）：承载能力为 134 只 /（亩 · 年），每年饲养 2 批，密度为每批不超过 67 只 / 亩（1 亩≈ 667 米 ^{2}）。

针叶林（图 6–6）：承载能力为 60 只 /（亩 · 年），每年饲养 2

图 6-5　阔叶林

图 6-6　针叶林

批，密度为每批不超过 30 只 / 亩。

竹林（图 6-7）：承载能力为 130 只 /（亩 · 年），每年饲养 2 批，密度为每批不超过 65 只 / 亩。

果园（图 6-8）：承载能力为 88 只 /（亩 · 年），每年饲养 2 批，密度为每批不超过 44 只 / 亩。

图 6-7　竹林

图 6-8　果园

草地（图 6-9）：承载能力为 50 只 /（亩 · 年），每年饲养 2 批，密度为每批不超过 25 只 / 亩。

山坡、灌木丛（图 6-10）：承载能力为 80 只 /（亩 · 年），每年饲养 2 批，密度为每批不超过 40 只 / 亩。

一般情况下，耕地不适宜进行放养鸡饲养，在施加畜禽粪尿时，每亩土地每年不超过 123 只肉鸡的粪便。

图 6-9 草地

图 6-10 山坡、灌木丛

三、土鸡育成期放养的饲养要点

（一）公母鸡分群饲养

一般土公鸡羽毛长得较慢，争斗性强，对蛋白质及其中的赖氨酸等物质利用率较高，饲料效率高；母鸡由于内分泌激素方面的差异，增重慢，饲料效率差。公母分养有利于提高整齐度。

（二）适时放牧

鸡放养不宜太远，一般控制在 1 千米以内。实行分区轮牧。

（三）科学补饲

根据牧地青草生长及营养状况，给鸡群用料桶或食槽科学补饲，颗粒料可以直接撒在地面上补饲。第 1~3 周，早、中、晚各喂 1 次，3~4 月龄开始早晚各 1 次。补饲要定时定量，增强鸡的条件反射。

（四）经常熏蒸消毒

为防止鸡病发生，鸡舍内要经常消毒，特别是要熏蒸消毒。可用简单的烟熏法消毒。用砖砌一个简易的灶台，将从野外采集回来的陈艾（一种中药材，也叫艾叶、艾蒿，含有芳香油，具有杀虫、消毒的功效）放在里面（图 6-11），点燃后不要有明火，只冒着浓浓的白烟（图 6-12），闻起来有一股芳香味就可以了。

（五）驱虫

一般放牧 20~30 天后，就要进行第 1 次驱虫，相隔 20~30 天再进行第 2 次驱虫。主要是驱除体内寄生虫，如蛔虫、绦虫等。可使用伊维菌素、驱虫灵、左旋咪唑或丙硫苯咪唑。

图 6-11　陈艾放进灶台

图 6-12　点燃陈艾，不要明火

（六）严防中毒

果园内放养时，果园喷过杀虫药和施用过化肥后，需间隔 7 天以上才可放养，雨天可停 5 天左右。刚放养时最好用尼龙网或竹篱笆圈定放养范围，以防鸡到处乱窜，采食到喷过杀虫药的果叶和被污染的青草等，鸡场应常备解磷定、阿托品等解毒药物，以防不测。

（七）适时上市

为增加鸡肉的口感和风味，应适当延长饲养周期，控制出栏时间，一般应在 120 天以后。特别地需要根据市场行情及售价，适当缩短或者延长上市时间。

第七章 土蛋鸡的散养

放养土鸡到了21周龄，一般育成期就结束了。如果不转群进入产蛋鸡舍，都作为商品鸡出售，那么小母鸡可按小公鸡的方法饲养。若养成产蛋鸡，则要从18周龄转入产蛋鸡舍开始，就按照产蛋鸡的要求，实行公母分群饲养管理，以生产高质量的土鸡蛋，达到高产、优质的目的。

第一节 放养土鸡产蛋前的准备

一、做好开产前的准备工作

开产前要检修鸡舍及设备，认真检查供电照明系统、通风换气系统，如有异常应及时维修；对鸡舍和设备进行全面清洁消毒。另外，要准备好所需的用具、药品、器械、记录表格和饲料，安排好饲喂人员。

产蛋期要在补饲点或鸡舍内搭建产蛋窝（图7–1），也可直接使用木制产蛋箱（图7–2）。以每5只鸡搭建1个产蛋窝（箱）为宜，在产蛋窝（箱）里放置适量干燥的干草或麦秸，以减少鸡蛋破损。

此外，土蛋鸡一般在5个月龄左右见蛋。开产前要对土蛋鸡进行选留淘汰，如果参差不齐会严重影响生产性能。要求选留的土蛋鸡生长发育良好，均匀整齐、精神活泼、体质健壮、体重适宜。按品种要求剔除体型过小、瘦弱鸡和无饲养价值的残鸡。

图 7-1　搭建产蛋窝

图 7-2　木制产蛋箱

二、免疫接种

开产前要进行免疫接种，这次免疫接种对防止产蛋期疫病发生至关重要。免疫程序合理，符合本场实际情况；疫苗来源可靠，保存良好，质量保证；接种途径适当，操作正确，剂量准确。接种后要检查接种效果，必要时进行抗体检测，确保免疫接种效果，使鸡群有足够的抗体水平来防御疾病的发生。

三、产蛋前的调教

开产前一周左右，应准备并放置好产蛋箱，让鸡熟悉产蛋箱内的环境。产蛋箱应背光放置或遮暗，保持产蛋箱处安静无干扰，产蛋箱要足够，一般要按照 5 只母鸡一个产蛋窝。产蛋箱内应铺清洁干燥的垫料。当有的母鸡找不到产蛋箱或不愿意进产蛋箱产蛋时，可现在产蛋箱里放上一个引蛋，让产蛋母鸡认同这个产蛋箱，从而顺利在此产蛋（图 7-3、图 7-4）。

图 7-3　产蛋箱内先放置引蛋

图 7-4　引导母鸡进入产蛋箱产蛋

第二节　放养土鸡产蛋期的管理

一、放养土鸡产蛋期的管理重点

（一）产蛋高峰期的饲养

当土鸡群生长到 25 周龄时，产蛋率基本达到高峰。饲养管理的重点包括三方面：促高产、保健康、延高峰。

1. 调整补饲促高产

放养土鸡产蛋进入高峰后，只依靠放牧很难满足其产蛋的需要，要及时更换产蛋高峰期补充饲料，加强补饲（图 7–5）。产蛋期蛋鸡所需要的最重要的营养成分是含硫氨基酸。含硫氨基酸总量中，蛋氨酸的含量应在 53% 以上。其次是其他必需氨基酸和钙、磷。补充日粮中应保证蛋白质水平达 18%；注意钙的含量和钙、磷的平衡，产蛋期钙的需要比生长期高 3~4 倍，高产期钙、磷的平衡比例为 6∶1。适时补充粒状钙，还可增加维生素 D_3 的含量以促进钙的吸收。在高峰期产蛋率正常，鸡的体重稳定的情况下，要在饲料配方和原料品种上尽量保持饲料的稳定性。可以使用中草药饲料（图 7–6）。

图 7–5　加强补饲

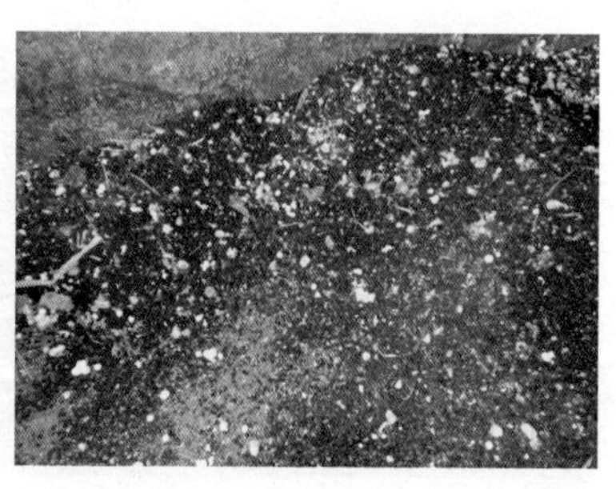

图 7–6　用花椒种子拌制的颗粒料

2. 加强管理保健康

产蛋高峰期间母鸡代谢强度大，繁殖机能旺盛，摄取的营养物质多用于产蛋，在此状况下，鸡体易感染疾病，所以要特别注意环境和饲料卫生。

（1）观察精神状态。清晨鸡舍开灯后，观察鸡的精神状态，若发现精神不振，闭目困倦，两翅下垂，羽毛蓬乱，冠色苍白的鸡多为病鸡（图 7–7）；打开鸡舍放牧时，鸡不愿意出舍，觅食性差，不愿合群，独立一隅，精神倦怠，多为病鸡。应及时挑出病鸡，严格隔离（图 7–8），如有死鸡，应送给有关技术人员剖检，以及时发现和控制病情。

（2）观察鸡群采食和粪便。鸡体健康，在放养场内不停觅食（图 7–9），产蛋正常的成年鸡群，每天的采食量和粪便颜色比较恒定，如果发现不愿觅食，围在鸡舍周围不愿走动，补料时剩料过多，采食量下降，粪便异常等情况（图 7–10），应及时报告技术人员，查出问题发生的原因，并采取相应措施解决。

图 7–7　缩颈炸毛的鸡多是病鸡

图 7–8　可疑病鸡先隔离饲养

图 7–9　健康鸡在不停地觅食

图 7–10　病鸡不愿走动，剩料多

（3）观察呼吸道状态。夜间关灯后，要细心倾听鸡群的呼吸，观察有无异常。如伸颈张口喘气（图 7–11）、打呼噜、咳嗽、喷嚏及尖叫声，多为呼吸道疾病或其他传染病，应及时挑出隔离观察，防止扩大传染。

图 7–11　伸颈张口呼吸

（4）观察舍温的变化。在早春及晚秋季节，气温变化较快，变化幅度大，昼夜温差大，对鸡群的产蛋影响也较大，因而应经常收听天气预报，并观察舍温变化，防止鸡群受到低温寒流或高温热浪的侵袭。

（5）观察有无啄癖鸡。产蛋鸡的啄癖比较多，而且常见，主要有啄肛、啄羽、啄蛋、啄趾等（图 7–12），要经常观察鸡群，发现啄癖鸡，尤其啄肛鸡，应及时挑出，分析发生啄癖的原因，及时采取防制措施。

图 7–12　被啄肛的鸡

（6）观察鸡的产蛋情况。加强对鸡群产蛋数量、蛋壳质量、蛋的形状及内部质量（图 7–13）等方面的观察，可以掌握鸡群的健康状态和生产情况。鸡群的健康和饲养管理出现问题，都会在产蛋方面有所表现。如营养和饮水供给不足、环境条件骤然变化、发生疾病等都能引起产蛋下降和蛋的质量降低。

（7）做好消毒防疫工作。进入产蛋高峰期后，要根据鸡群情况必要时进行预防性投药，或每隔一个月投 3~5 天的广谱抗菌药。坚持日常消毒，做好环境卫生，尽可能防止在此阶段感染疾病。必要时也要进行紧急免疫（图 7–14）。

3. 正确方法延长产蛋高峰

（1）鸡蛋及时收集并出售。放养的土鸡，刚开产的母鸡要训练其

图 7–13　查看蛋的质量

图 7–14　做好紧急防疫

在产蛋箱产蛋，每 4~5 只母鸡配备1个产蛋箱，减少窝外产蛋的比例。伴随鸡群巡查，及时捡回窝外蛋（图 7–15）。

图 7–15　及时捡回窝外蛋

产蛋箱中要定期添加柔软的垫料，减少蛋的破损（图 7–16）。每天下午最后一次收集完鸡蛋，要关闭产蛋箱，防止母鸡在产蛋箱中过夜。母鸡在产蛋箱中过夜，会造成垫料的污染（排便），另外，长久下去会引起母鸡就巢（图 7–17），影响产蛋率。

图 7–16　产蛋窝中垫料少，应及时添加

鸡蛋每天拣 3~4 次，收集的鸡蛋要及时出售（图 7–18），特别是夏季，防止变质。

（2）适当淘汰。为了提高饲养土蛋鸡的效益，进入产蛋期以后，根据生产情况适当淘汰低产鸡（图 7–19）。刚开产时，进行第一次淘汰；进入高峰期后一个月进行第二次淘汰；产蛋后期每周淘汰一次。

图 7-17　在产蛋窝中时间长易就巢

图 7-18　收集的鸡蛋要及时出售

淘汰土蛋鸡的方法主要是根据外貌特征来鉴别高产鸡与低产鸡。高产鸡表现：反应灵敏，两眼有神，鸡冠红润；羽毛丰满、紧凑，换羽晚；腹部柔软有弹性、容积大；肛门松弛、湿润、易翻开；耻骨间距 3 指以上，胸骨末端与耻骨间距 4 指以上。低产鸡的表现：反应迟钝，两眼无神，鸡冠萎缩、苍白；羽毛松弛，换羽早；腹部弹性小、容积小；肛门缩紧，干燥，不易翻开，耻骨间距 2~3 指以下，胸骨末端与耻骨间距 3 指以下。另外，对于有病的残次鸡也要及时挑出。

抱窝的鸡也是低产鸡（图 7-20），醒抱不及时或长时间不醒抱的鸡要及时淘汰。

图 7-19　低产鸡要及时淘汰

图 7-20　抱窝鸡要及时淘汰

（3）加强观察。经常观察鸡群，掌握鸡群的健康及产蛋情况，发现问题及时采取措施。

（二）产蛋后期的饲养管理

放养土鸡产蛋后期的饲养管理，主要是确保鸡群的产蛋性能缓慢降低，不出现大幅度的下降现象，尽可能地提高土蛋鸡蛋的商品率，减少破损率，延长其经济寿命；控制鸡体重增加，防止母鸡过肥影响产蛋，并可节约饲料成本。

随着土蛋鸡日龄的增加，鸡群产蛋高峰过后，鸡群中换羽停产（图 7–21）的土蛋鸡逐渐增多，产蛋率出现明显的下降。这时摄入的营养一部分会转变为体脂，可适当进行限制饲养，以降低饲料消耗。一般到 55 周龄时，土蛋鸡的产蛋率下降，进入到产蛋后期。为了避免饲料浪费，要更换产蛋后期饲料。控制日粮的能量、蛋白质水平，粗蛋白质水平降至 12%~14% 即可，或减少日粮的补饲量。

图 7–21　母鸡换羽停产，限制饲养

二、土蛋鸡常见的异常蛋与应对

（一）薄壳蛋、软壳蛋

任何情况下的薄壳蛋（图 7–22）、软壳蛋（图 7–23）都是比较难发现的。在鸡栖息的棚架下面的鸡粪中可能有薄壳蛋、软壳蛋。要仔细检查棚架下面的鸡粪。

图 7–22　薄壳蛋

图 7–23　软壳蛋

薄壳蛋、软壳蛋缺少了大部分蛋壳。可能的原因：如果母鸡开始产蛋较早，在产蛋早期，快速连续的排卵，使蛋壳形成之前就产蛋。输卵管分泌的钙质赶不上快速连续的卵黄形成。薄壳蛋和软壳蛋也可能由高温或疾病（如产蛋下降综合征）等因素引起。

（二）砂壳蛋

砂壳蛋局部粗糙，经常出现在鸡蛋的钝端（图 7–24）。可能由传染性支气管炎病毒感染引起，这种情况下鸡蛋的内容物常呈水样稀薄。请注意：症状取决于鸡的种类，但是蛋壳将会增厚，鸡蛋的内部质量没有问题。

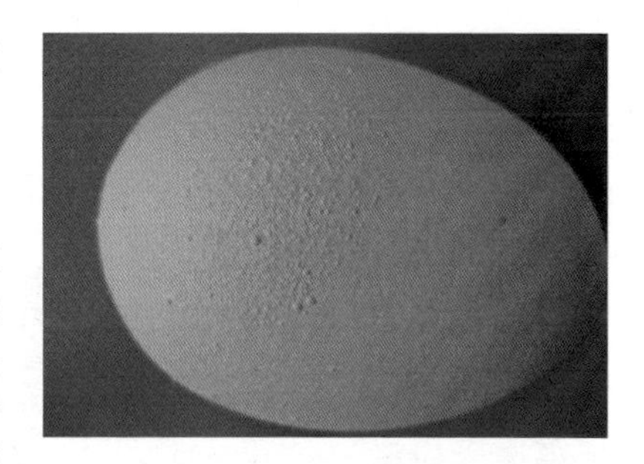

图 7–24　砂壳蛋

鸡蛋的尖端比较粗糙且蛋壳较薄，与鸡蛋的健康部分有明显的分界，鸡蛋的尖端光亮。原因是：繁殖器官感染特殊的滑液囊支原体毒株。

图 7–25　产蛋后期，蛋重大，蛋壳脆弱

（三）脆壳蛋

产蛋后期，蛋重较大，该种鸡蛋的蛋壳脆弱（图 7–25）。此时要及时调整饲料中的钙含量，额外添加钙。确保在天黑之前喂好母鸡，因为蛋壳主要在晚上沉积。薄壳蛋也可能是母鸡的饲料摄入量出现问题（疾病或高温）而引起。

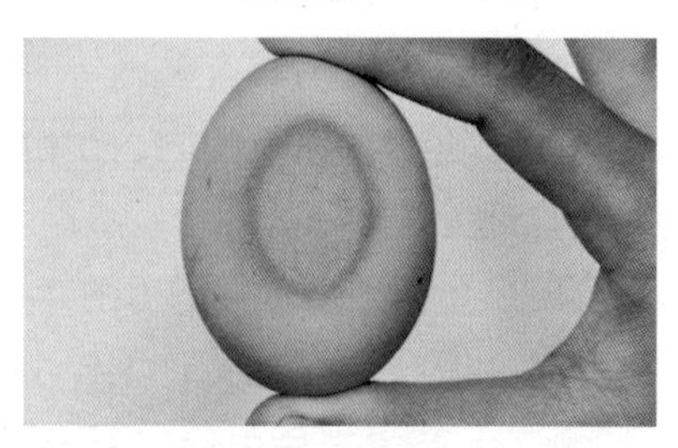

图 7–26　有环状钙斑的鸡蛋

（四）环状钙斑蛋

有环状钙斑的鸡蛋（图 7–26）比正常产蛋时间晚产 6~8 个小时，可在地面或棚架上的任何地方发现这样的鸡蛋，因为母鸡产蛋时正好待在那里。

图 7–27　褐壳蛋鸡下的个别白壳蛋

有时会意外的在褐壳蛋鸡下的蛋中遇到白壳蛋（图 7–27）。这可

能是因饲料中残留的抗球虫药（尼卡巴嗪）引起，即使微量的抗球虫药也可以导致白壳蛋，抗球虫药可以杀死受精鸡蛋中的胚胎。白壳蛋的另外原因是感染传染性支气管炎、新城疫。

（五）脊状壳蛋

鸡蛋出现脊状蛋壳（图7–28），可能的原因是放养土蛋鸡遭受应激。

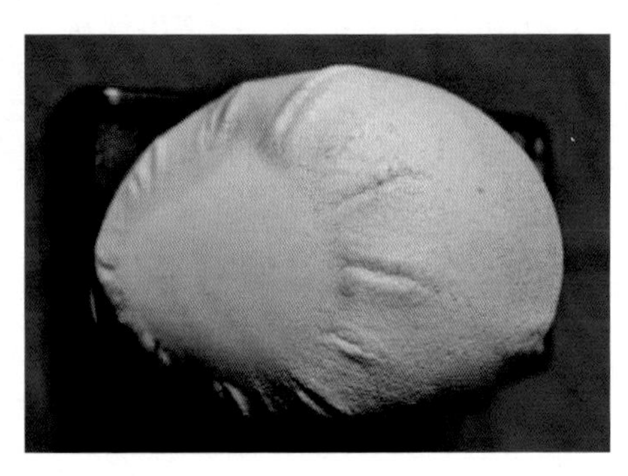

图 7–28　脊状蛋壳

三、蛋壳异常的原因与应对

（一）产蛋之前的因素引起的蛋壳异常

鲜蛋的外部质量指标有蛋重、颜色、形状、蛋壳的强度和洁净度等。从鸡蛋的外面你可以知道很多，鸡蛋的裂缝和破碎经常与笼底或者集蛋传送带出现的问题有关，有缺陷或者脏的蛋壳与母鸡的健康状况、饲料的成分和产蛋箱的污物或者笼底的鸡粪有关。

鸡蛋的形状各不相同，是由母鸡的遗传特性决定的，与疾病或者饲养管理无关。

畸形蛋（细长鸡蛋）（图 7–29）：是因输卵管中同时有 2 个鸡蛋在一起，这与疾病有关，主要由母鸡的遗传特性引起。

（二）产蛋之后引起的蛋壳异常的因素

血斑蛋（图 7–30）蛋壳上的血迹来源于损伤的泄殖腔，因鸡蛋

图 7–29　畸形蛋

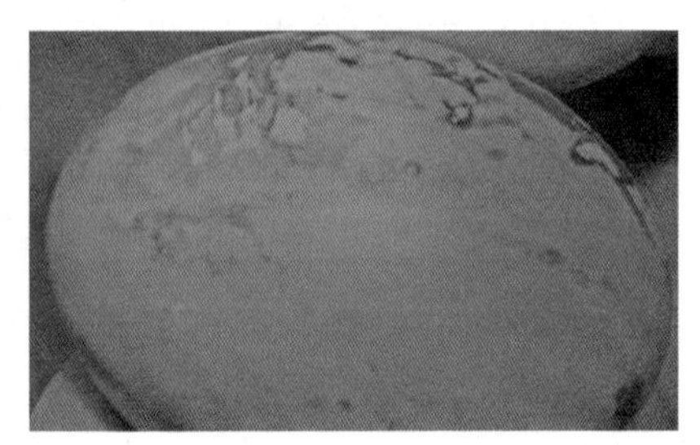

图 7–30　血斑蛋

太重或者啄肛导致泄殖腔损伤。

灰尘环是由鸡蛋在肮脏的地面滚动时造成的（图 7-31），在鸡笼和产蛋箱中的灰尘也可引起灰尘环。鸡蛋不能在鸡舍中放置太久，要及时捡拾。

图 7-31　鸡蛋上的灰尘环

产蛋时，鸡蛋温度是 38℃，且无气室；产蛋后，鸡蛋的温度骤降到 20℃左右，鸡蛋的内容物收缩，空气通过蛋壳的气孔被吸收到鸡蛋内，就形成了气室。

但是，刚产后蛋壳很脆弱，少量的蛋壳会被吸到鸡蛋里。图 7-32 中所示的鸡蛋上的小孔是由破旧的鸡笼引起的，当鸡蛋落下时笼子损坏鸡蛋的尖端。

图 7-32　旧的笼具损坏蛋壳

鸡蛋上的鸡粪（图 7-33）可能是肠道疾病导致母鸡排稀薄鸡粪的结果；湿的鸡粪也可能是由于不正确的饲料配方引起，平时一定要保证产蛋箱清洁干净。

四、蛋壳裂缝和破裂的应对

产蛋后不久，鸡蛋即可能被损坏，鸡蛋上出现破裂、发丝裂缝、凹陷或小洞。

图 7-33　鸡蛋上有鸡粪

观察损坏的位置和性质：在鸡蛋的尖端或钝端的小洞说明产蛋时鸡蛋大力撞击了产蛋窝或产蛋箱底，这也说明产蛋窝或产蛋箱中垫草过少过薄，或者产蛋箱底不平整有凸起；或者在捡拾、贮存、运输过程中，鸡蛋被人为损坏。

因此，要确保经常收集鸡蛋，至少 1 天 2 次。

每个系统都有需要注意和仔细检查的地方。例如，如果 95% 的鸡蛋都在同一个产蛋窝或产蛋箱，被破坏的概率将增大。这是由母鸡喜欢在相对固定的产蛋箱产蛋而导致的结果。

应对措施是，整理产蛋窝或产蛋箱，使底部平整，多垫垫草。

在产蛋土鸡受惊吓突然飞起来，或者四处乱蹦时，也可能会导致鸡蛋的裂缝和破裂。

如果这种情况发生，找到惊吓母鸡的原因，例如，鸡舍中有野鸟、蛇，还是金属部件上有电流？

太多的鸡蛋堆积在一起，鸡蛋的一侧将会被压损坏（图 7–34）。

鸡蛋的裂缝和破裂（图 7–35）也可能是捡拾鸡蛋时动作过于粗暴，使鸡蛋相互碰撞而引起。

图 7–34　鸡蛋的一侧被压破

图 7–35　鸡蛋受到撞击而破裂

有时，鸡蛋的裂缝和破裂也经常发生在产蛋末期。在产蛋末期，可能由于饲料中缺乏钙，鸡蛋的蛋壳变得比较脆弱。

错误地放置鸡蛋（横放在鸡蛋托盘上）将会造成托盘中的鸡蛋破裂，这不仅仅是鸡蛋的损失，打碎的鸡蛋也可能会污染托盘中的其他鸡蛋，产生臭鸡蛋的味道（图 7–36）。

图 7–36　错误地放置鸡蛋

放置鸡蛋时，要尖端向下

（图 7-37），气室向上（图 7-38）。气室部位是最脆弱的，在运输过程中避免气室承载整个鸡蛋的重量，另外，鸡蛋尖端向下放置时，蛋黄的位置处在鸡蛋的正中间。

图 7-37　鸡蛋尖端向下

图 7-38　气室向上

当鸡蛋滚动时，蛋壳容易被破坏。鸡蛋钝端有裂缝和破裂，说明产蛋箱底板太硬，产蛋时鸡蛋落到产蛋箱底板而被破坏（图 7-39）。

图 7-39　一侧有裂缝和破裂的鸡蛋

在蛋鸡养殖中，如果在生产的最后阶段中鸡蛋被磕坏，这完全是投资的浪费。因此，对纸托盘（图 7-40）或者塑料托盘（图 7-41）的少量投资是值得的。尽管塑料托盘的投资成本高，但是有持久耐用的优点。用蛋筐运送鸡蛋会产生很多不必要的磕裂和损坏（破损率高达 20%），用托盘运输鸡蛋的破损率仅为 2%。

图 7-40　纸托盘

图 7-41　塑料托盘

因塑料托盘容易清洁，所以，比重新利用纸托盘更卫生。另外，大部分鸡蛋加工过程都是自动的，纸托盘不适于这一加工过程。因此，塑料托盘越来越流行。

第八章 散养土鸡常见病防控

第一节 散养土鸡疾病的无公害防控措施

散养土鸡疾病的预防有许多的有利因素，比如，放养土鸡活动范围大、运动量大、体质好、抗病力强；天然树叶、青草、草籽、果实等食物，其维生素、蛋白质、微量元素含量丰富，而且有些食物具有保健作用，采食放养草场、果园中的昆虫及其蛹和幼虫、蝗虫、蚯蚓、蝇蛆等，不仅获得了丰富的蛋白质，而且这些动物蛋白中会有一种抗菌肽的物质，能提高鸡体的抗菌和抗病毒的能力，发病少。但也存在许多不利因素，如饲养管理技术落后，防病意识淡薄，主要是经营者缺乏系统的科学管理知识，没有防病治病的经验，有病乱投药；放养鸡环境不好控制，气候多变，易受暴风雨、冰雹、雷雨等自然灾害侵袭应激大，寄生虫病、传染病容易流行，而且不好隔离；种鸡场良繁体系不健全，鸡白痢病净化不彻底；存在一些免疫抑制病，如白血病、传染性贫血病、网状内皮组织增生症等。

一、散养土鸡的发病规律

（一）呼吸道病、软骨病少

土鸡在育雏阶段，由于饲养密度大，育雏舍内空气中氨气含量高，通风不良，会引起传染性支气管炎、喉气管炎、鼻炎等呼吸道疾

图 8–1　传染性鼻炎等呼吸道病

病（图 8–1）。但到了 30~45 日龄脱温后，在放养时，由于放养鸡密度小、活动空间大、空气新鲜、很少再有呼吸道病的发生。

此外，放养鸡在太阳的光浴下，紫外线不仅对体表有消毒作用，而且使鸡皮肤中的 7– 脱氢胆固醇转化为维生素 D_3，而维生素 D_3 是骨骼钙吸收的主要物质，所以放养鸡一般不会发生软骨病，而且冠红，羽毛光亮。

（二）球虫病和寄生虫病多

图 8–2　球虫病

放养鸡接触地面，在土壤中直接觅食昆虫、蚯蚓、草籽、砂子、饮水等，极易感染球虫卵和其他寄生虫卵，如蛔虫、异刺线虫、绦虫、组织滴虫、体外寄生虫及螨虫等（图 8–2 至图 8–4），而病鸡粪便又直接污染饲料、饮水、土地，使得虫卵接力传染。而天热多雨、鸡群过分拥挤、放养场地地势低洼、过于潮湿、大小鸡混群饲养、饲料中缺乏维生素 A 以及补充日粮搭配不当等情况又会加剧本病的传播。

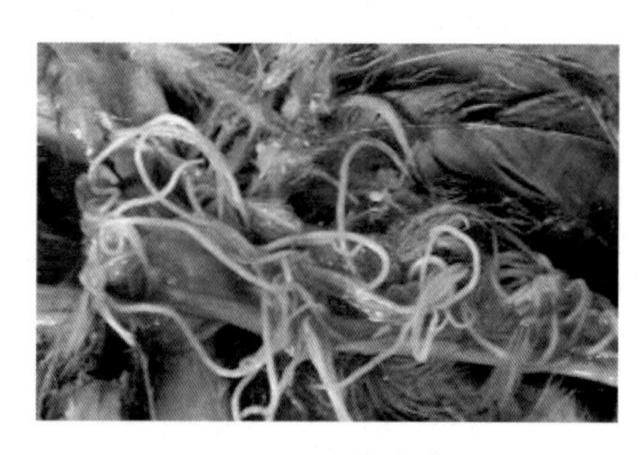
图 8–3　线虫病

图 8–4　绦虫病（红色区域内白点为绦虫）

（三）新城疫和法氏囊病

放养鸡主要来自一些地方品种，由于其规模不大，有些种蛋甚至来源分散，种鸡母源抗体差别很大，高低参差不齐，这就给雏鸡的新城疫（图 8-5、图 8-6）、法氏囊病（图 8-7、图 8-8）的免疫带来许多困难。有的种鸡群不搞法氏囊油苗注射，雏鸡法氏囊母源抗体水平低，而此时由于中枢免疫器官尚未发育健全，法氏囊病毒感染后破坏了法氏囊免疫器官而不能产生 B 淋巴免疫细胞，使雏鸡处于免疫缺陷状态，极易发病，且死亡率高。因此，新城疫、传染性支气管炎等传染病也易发生。放养鸡由于分散饮水不易集中，给新城疫的饮水免疫带来很大困难，而常引发非典型新城疫。

图 8-5　新城疫病鸡扭颈

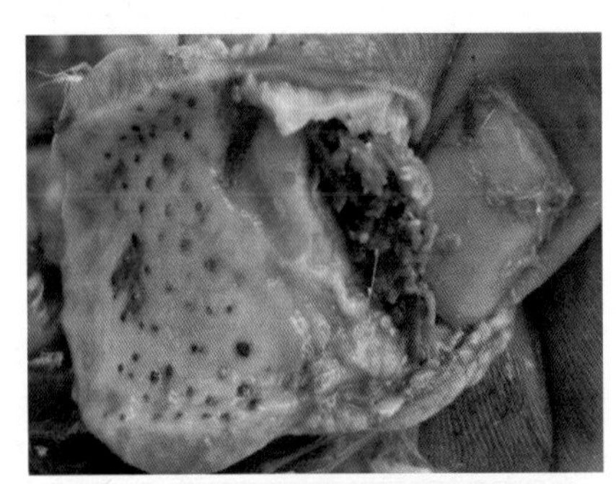

图 8-6　新城疫病鸡腺胃乳头出血

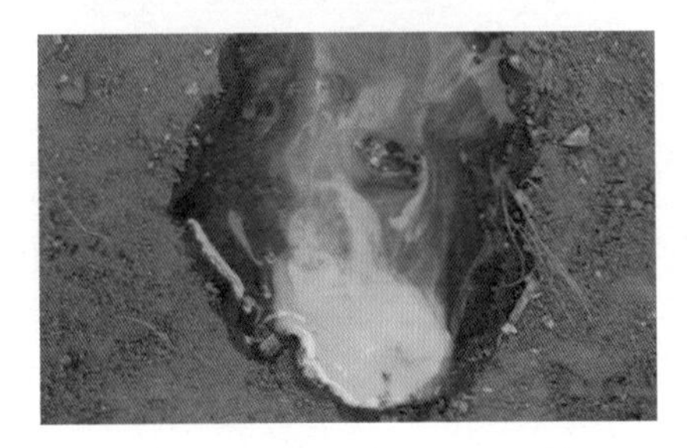

图 8-7　法氏囊病鸡排出米汤样稀白粪便

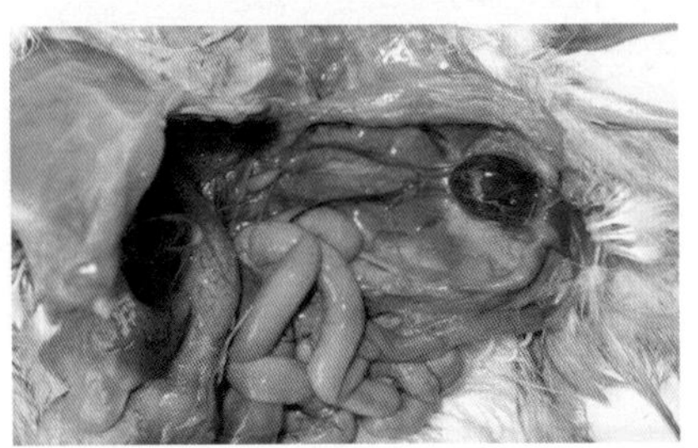

图 8-8　法氏囊肿大、出血，呈紫葡萄样

（四）马立克氏病

马立克氏病（图 8-9）是一种潜伏期长，临床上发病高峰期常见

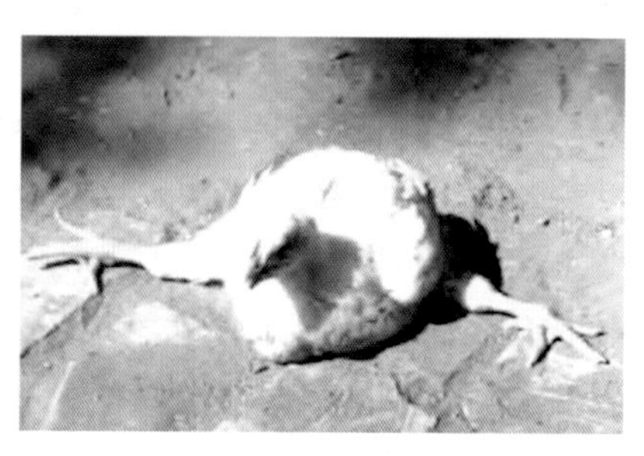
图 8-9　马立克氏病鸡典型的劈叉姿势

于60~120日龄，是一种目前尚无药可治的免疫抑制性病毒病。放养鸡场马立克氏病多发的主要原因有三方面，一是多年来人们思想上普遍认为本地土鸡抗病力强，不需要接种马立克氏病疫苗；二是有些放养鸡场购买商品蛋鸡鉴别公雏时，不接种马立克氏病疫苗，以期减少养鸡成本；三是对于本病的预防，要求在出壳后24小时内皮下有效注射接种疫苗，而且疫苗的保存和使用条件比较苛刻，费时费钱，一些孵化经营者抱有侥幸心理或嫌麻烦，干脆就不接种马立克氏病疫苗，造成本病大面积暴发。

（五）条件性细菌病多发

沙门氏菌类（鸡白痢病、伤寒、副伤寒，图8-10、图8-11）多见，一般因应激引起散发性发病。大肠杆菌病是最常见和多发的一种条件性传染性疾病，多发于育雏阶段。与饲养管理、温度控制、饲养密度、种雏质量等因素有关，放养中后期一般很少发病。

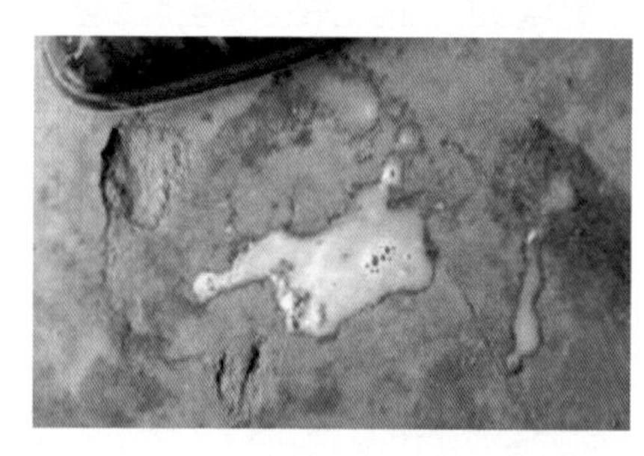
图 8-10　鸡白痢排出的白色稀粪

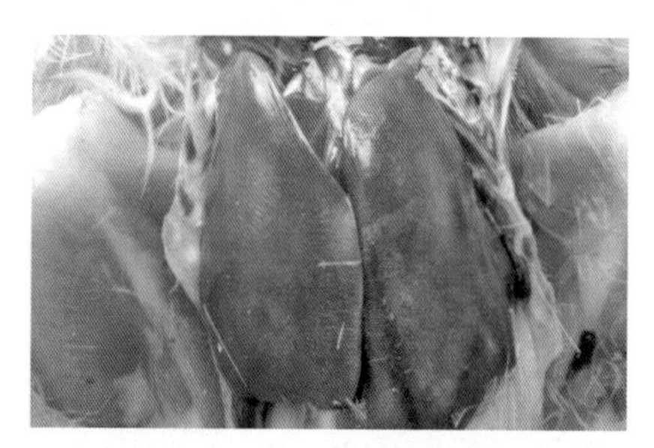
图 8-11　鸡伤寒时的青铜肝病变

（六）两种以上疾病混合感染病多见

临床上常见新城疫和大肠杆菌，传染性贫血病、大肠杆菌和支原体，传染性贫血病和鸡痘等混合感染。40日龄以上的病鸡在剖解中常见有蛔虫、绦虫、组织滴虫等不同程度的感染。

二、散养土鸡疾病的防控措施

对于养鸡户来说，最大的顾虑就是害怕鸡发病，尤其是传染病。鸡只发生疫病，有效的治疗措施比较少，治疗的经济价值也较低。有些病即使治好了，鸡的生产性能也会受到影响，经济上也不划算。因此，要认真做好预防工作，从预防隔离、饲养管理、环境卫生、免疫接种、药物预防等方面，全面抓好放养鸡场的综合防控工作。概括起来，综合性防控措施主要有以下几点。

（一）把好引种进雏关

要挑选、引养健康雏鸡（图 8-12）。雏鸡要来自种用土鸡质量好、防疫严格、出雏率高的厂家。雏鸡应尽量购自无支原体等传染性疾病的健康种用土鸡群；初生雏经挑选、雌雄鉴别、注射马立克氏病疫苗后，要装箱（图 8-13），用专用运雏车在 48 小时内运回养殖场地。为了不把运雏箱上黏附的病原带进放养鸡场，在雏鸡进入鸡场前，要盖上箱盖，并在舍外进行严格的喷雾消毒。

图 8-12　挑选健康雏鸡

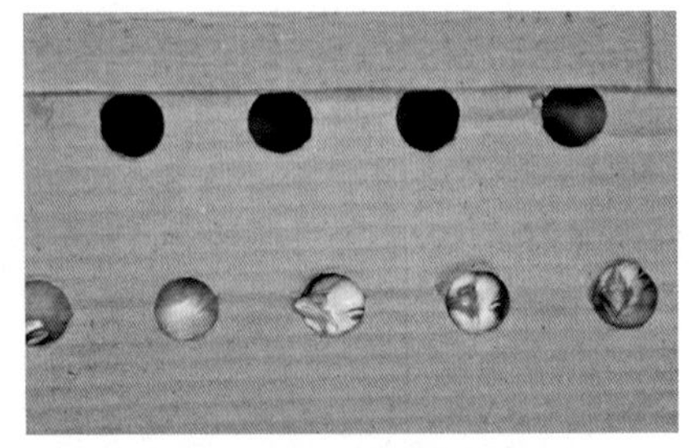

图 8-13　使用雏鸡专用箱运输

（二）生态隔离

1. 生态隔离

隔离就是防止疫病从外部传入或放养场内相互传播。有调查表明，病原的 90% 以上都是由人和进鸡时传入的。所以进雏的选择及进雏后的隔离饲养等都必须严格按规定执行。

鸡舍入口处应设有一个较大的消毒池（图 8-14）或消毒通道（图 8-15），并保证池内常有新鲜的消毒液；工作人员进入鸡舍须换

图 8-14　放养场门口的消毒池

图 8-15　放养场门口的消毒通道

工作服和鞋，入舍前洗手并消毒，鸡舍中应做到人员、用具和设备相对固定使用；严禁外人入舍参观，也不去参观他人的鸡场；非同批次的鸡群不得混养。在放养时也尽量做到生态隔离，即与其他鸡场要有一个隔离带，如果放养的地方面积较大，可以隔成几个小区，进行不同批次的鸡只轮流放养。

2. 控制人员进出

严格控制外界人员、车辆进入育雏室、鸡舍和放养场地；饲养员进入舍内要穿专用工作服、鞋、帽；门口设消毒池，保持消毒液新鲜。

（三）保证饲料和饮水卫生

购买饲料时，一定要严把质量关，对有虫蛀、结块发霉、变质、污染毒物的原料（图 8-16），千万不要贪图便宜或购买方便而购进，特别是对鱼粉、肉骨粉等质量不稳定的原料，要经严格检验后才能购进。饲喂全价饲料应定时定量，不得突然更换饲料。

图 8-16　不可使用发霉的玉米喂鸡

生产中必须确保全天供应水质良好的清洁饮水，不能直接使用河水、坑塘水等地表水，如果只能使用这种水，用时必须经沉淀、过

图 8-17 放养鸡使用深井水

滤和消毒处理。建议使用深井水（图 8-17）和自来水。目前，一般放养鸡场都用水槽饮水，由于水面暴露在空气中，容易受到尘埃、饲料和粪便的污染。所以，鸡的饮水必须注意消毒，消毒药可用高锰酸钾、次氯酸钠、百毒杀、漂白粉等，并每天清洗水槽 1 次。生产中若改水槽为乳头式饮水器，可减少饮水污染。

（四）创造良好的生活环境

放养鸡鸡场远离村庄，交通便利，周围环境保持安静（图 8-18）。

鸡舍、饲料间周围放置捕鼠器，消灭老鼠；场地内隔离带划区，即可实行分区轮牧，也可防止猫、狗、黄鼠狼、鸟等进入（图 8-19）。

图 8-18 放养区远离村庄

图 8-19 隔离带划区

病死鸡要清出场外，不能堆放在放养场内，也不可在场外乱扔（图 8-20）。收集后集中进行无害化处理：焚烧、深埋、生物热处理发酵制沼气等。

每一批鸡出栏后，对放养场地进行清理、消毒（图 8-21）。对于放养场，每养一批鸡要间隔一段时间再养。

图 8-20　病死鸡不可乱扔

图 8-21　放养场地消毒

（五）抓好免疫接种

免疫接种可使鸡产生免疫力，是防止某些传染病的有效措施。目前，商品放养鸡场主要应预防鸡马立克氏病、鸡传染性法氏囊病、鸡新城疫、传染性支气管炎、鸡痘、禽霍乱等。

1. 制订可行的免疫程序

要结合当地疫病发生情况，在供雏厂家和当地兽医的指导下，选择合适疫苗，制订适合自己放养场的免疫程序。通过免疫的鸡群，对某种疫病具有高度、持久、一致的免疫力，可有效地防止疫病的发生。但是，没有一个程序是永久不变的，也没有一个程序可供所有放养土鸡照搬照抄使用。必须根据自己的实际情况，灵活制定。

传统疫苗主要包括减毒活苗（图 8-22）和灭活疫苗（图 8-23），如生产上常用的新城疫Ⅰ系、Ⅲ系、Ⅳ系疫苗。根据肉鸡场的实际情

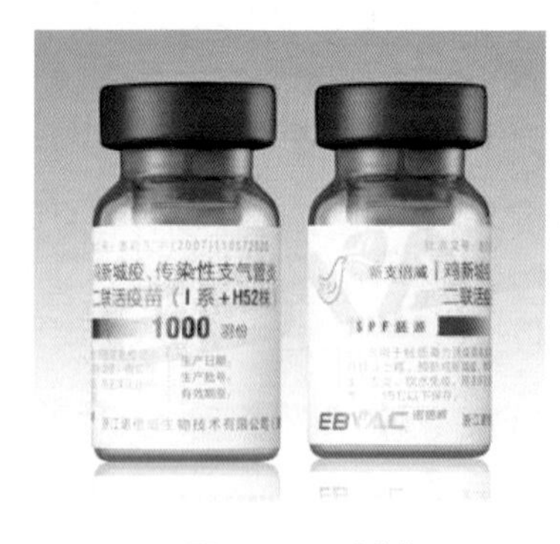

图 8-22　活苗

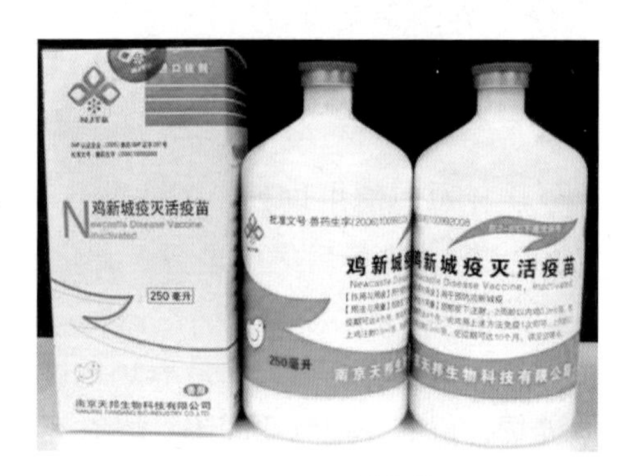

图 8-23　灭活疫苗

况选择使用不同的疫苗。

参考程序一：1 日龄马立克疫苗，皮下注射；10 日龄新城疫 + 传染性支气管炎 H120 疫苗滴鼻；14 日龄法氏囊 B87 疫苗滴口，鸡痘疫苗刺翅；21 日龄新城疫 + 传染性支气管炎 H52 滴眼；42 日龄新城疫 + 传染性支气管炎二联四价疫苗饮水；65 日龄加倍饮水免疫。

参考程序二：1 日龄马立克疫苗，皮下注射；5 日龄法氏囊 B87 滴口；17 日龄法氏囊二价疫苗滴口，鸡痘疫苗刺翅；21 日龄新城疫 + 传染性支气管炎 H52 滴眼；42 日龄新城疫 + 传染性支气管炎二联四价疫苗饮水；65 日龄加倍饮水免疫。

2. 疫苗的保存

疫苗属于生物制品，保存时总的原则是：分类、避光、低温、冷藏，防止温度忽高忽低，并做好各项入库登记（图 8-24）。

3. 疫苗的运输

疫苗的存放地与使用地常常不在同一个地方，都有一个或近或远的距离，因此，疫苗的运输时都必须以避光、低温冷藏为原则，需要使用专用冷藏车才能完成（图 8-25）。

4. 疫苗的稀释

鸡常用疫苗中，除了油苗不需稀释，直接按要求剂量使用外，其

图 8-24　疫苗的保存

图 8-25　疫苗的运输

他各种疫苗均需要稀释后才能使用。疫苗若有专用稀释液（图 8-26），一定要用专用稀释液稀释。

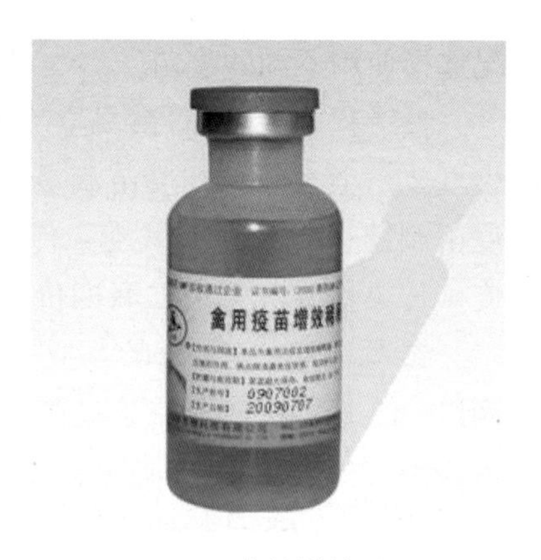

图 8-26　疫苗增效稀释剂

疫苗在稀释前，首先查看是否在有效期内（图 8-27）。稀释用具如注射器、针头、滴管、稀释瓶等，都要求事先清洗干净并高压消毒（图 8-28）备用。每次稀释好的疫苗要求在常温下半小时内用完。已打开瓶塞的疫苗或稀释液，须当次用完，若用不完则不宜保留，应废弃，并作无害化处理。不能用金属容器装疫苗及稀释疫苗，用缓冲盐水、铝胶盐水作稀释液时，应充分摇匀后使用。液氮苗稀释时，应特别注意正确操作（详细操作见各厂家液氮苗使用说明书）。进行饮水免疫稀释疫苗时，应注意水质，最好用深井水，并先加入 0.2% 的脱脂奶粉，再加入疫苗。应注意不要用加氯或用漂白粉处理过的自来水，以免影响免疫质量。

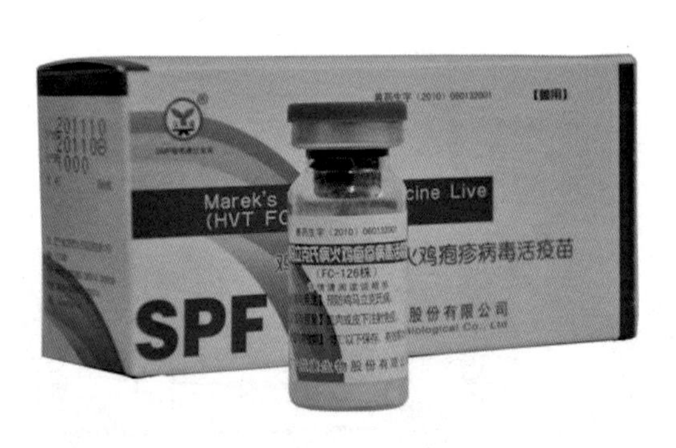

图 8-27　疫苗稀释前，首先查看是否在有效期内

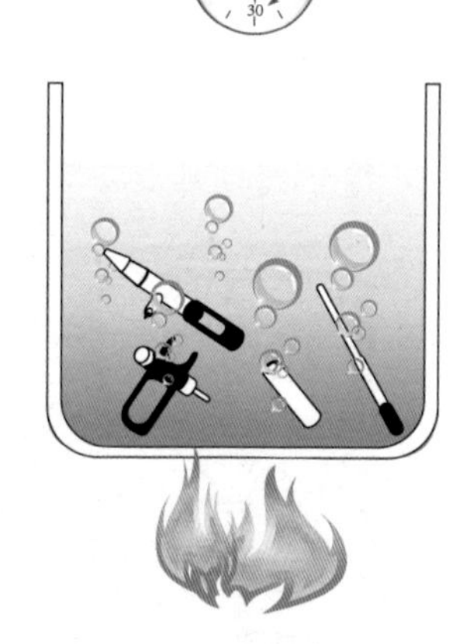

图 8-28　注射器拆洗消毒 30 分钟

活疫苗要求现用现配，并且一次配置量应保证在半小时内用完（图 8-29）。

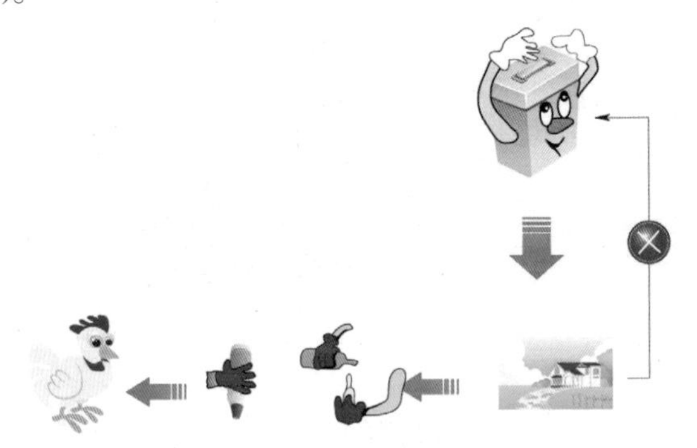

图 8-29　活疫苗使用操作程序

灭活疫苗在使用前要提前从冷藏箱内（2~8℃）取出，进行预温以达到室温（24~32℃），不仅可以改善油苗的黏稠度，确保精确的注射剂量，同时还可以减轻注射疫苗对鸡只的冷应激（图 8-30）。

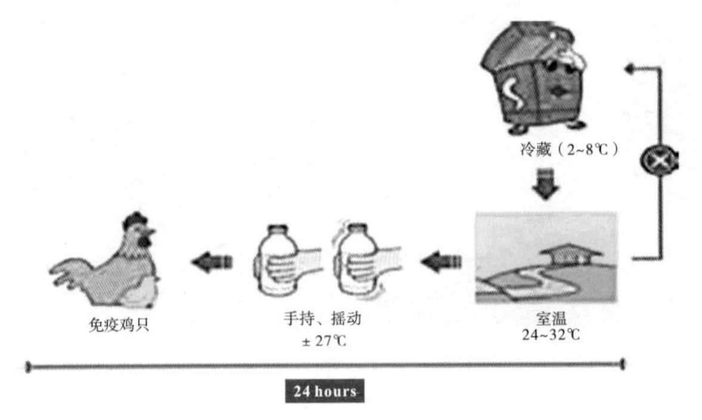

图 8-30　灭活疫苗使用操作程序

5. 免疫的方法

（1）肌内注射法。在胸部（图 8-31）或大腿外侧（图 8-32）。使用消毒的 1.25 厘米注射针头。油苗使用 18~19 号针头。活苗使用 20~21 号针头。将疫苗注射到胸部肌肉最厚的部位。如选择注射腿部肌肉，将鸡脚对着自己握稳鸡只腿部。用食指和中指将腿部肌肉转向腿骨骼外侧，远离关节顺股骨方向刺入针头。经常更换针头，避免污

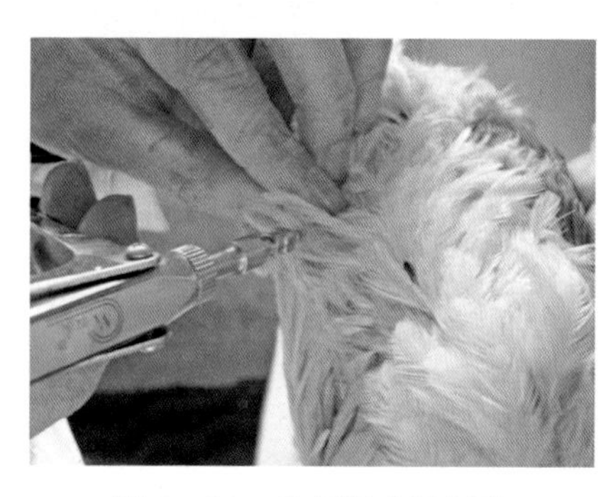

图 8-31　胸部肌内注射法

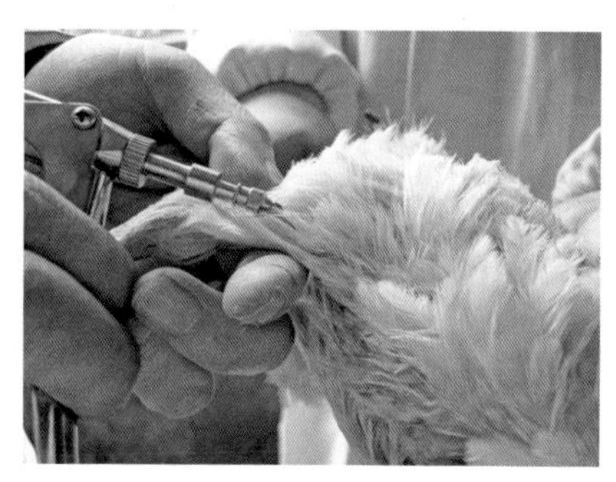

图 8-32　大腿外侧肌内注射

染（死苗每 500 次，活苗每 1000 次）。

（2）皮下注射法。将疫苗稀释，捏起鸡颈部皮肤刺入皮下（图 8-33），也可在两翅之间（图 8-34）。防止伤及鸡血管、神经。此法适合鸡马立克疫苗接种。

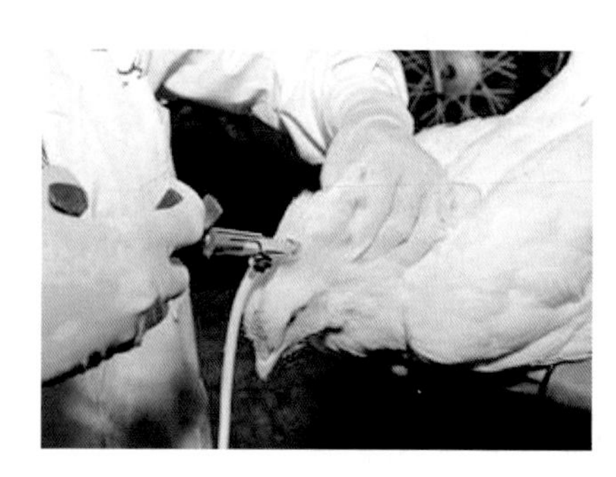

图 8-33　颈部皮下注射法

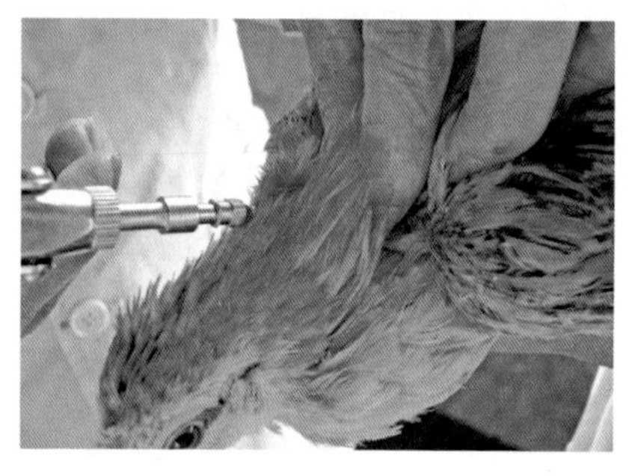

图 8-34　双翅间皮下注射

注射前，操作人员要对注射器进行常规检查和调试，每天使用完毕后要用 75% 的酒精对注射器进行全面的擦拭消毒。

（3）点眼法。将稀释好的疫苗装在点眼用的疫苗瓶内，使鸡只面部朝上握稳鸡只头部。将一滴疫苗滴入眼部（图 8-35、图 8-36）。轻轻向下牵动鸡只下眼睑使其吸收疫苗。定期更换滴眼器，减少可能的污染。滴眼器不可接触鸡只眼睛。

（4）滴嘴法。稳住鸡只头部，用一手指将上下喙分开，把一滴疫

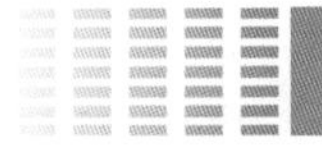

图 8–35　点眼法（一）

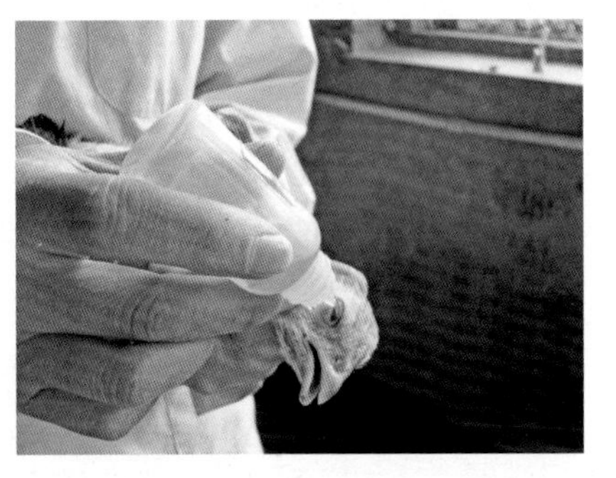

图 8–36　点眼法（二）

苗滴入嘴里（图 8–37）。待鸡只完全吸入疫苗滴后方可释放鸡只。

（5）滴鼻法。稳住鸡只头部，闭合鸡嘴并用一手指盖住鸡只下半部鼻孔，将一滴疫苗滴入上半部鼻孔（图 8–38）。待鸡只完全吸入疫苗滴后方可释放鸡只。

图 8–37　滴嘴法

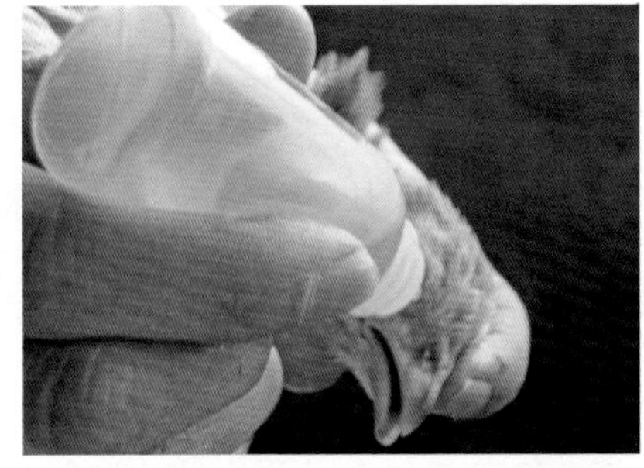

图 8–38　滴鼻法

（6）刺种法。将鸡翅膀下部朝上展开，刺在翅膀翻展后缺毛的三角区（图 8–39）。将刺种器的两只针浸入疫苗，使刺种针垂直刺入翅蹼，要小心避开羽毛、血管、肌肉和骨骼。免疫后 7~10 天，观看免疫部位的红点查验鸡

图 8–39　刺种法

的疫苗反应。

（7）饮水免疫。饮水免疫前，先将饮水器挪到高处（图 8-40），控水 2 小时；混合疫苗时，可加入少许符合食品卫生的染料（图 8-41），有助于监测所有的鸡是否都得到免疫。免疫过的鸡只嘴部和舌头会染有染料。

图 8-40　饮水器挪到高处

图 8-41　加入少许染料

饮水免疫时要注意以下几个问题。

① 在饮水免疫前 2~3 小时停止供水，因鸡口渴，在开始饮水免疫后，鸡会很快饮完含有疫苗的水。若不能在 2 小时内饮完含有疫苗的水，疫苗将会开始失效。

② 贮备足够的疫苗溶液。

③ 使用稳定剂，不仅仅可以保护活疫苗，同时还含有特别的颜色。稳定剂包含：蛋白胨、脱脂奶粉和特殊的颜料。这样，您可以知道所有的疫苗溶液全部被鸡饮用。

④ 使用自动化饮水系统的鸡舍，需要检查并确定疫苗溶液能够达到鸡舍的最后部，以保证所有的鸡都能获得饮水免疫。

（8）喷雾免疫。喷雾免疫（图 8-42）是操作最方便的免疫方法，局部免疫效果好，抗体上升快、高、均匀度好。

6. 免疫操作注意事项

这是个反面教材（图 8-43）：防疫后没有及时清洗消毒注射器，管子内仍残存稀释过的疫苗。正确的做法是：防疫后以最快速度打掉

图 8-42　喷雾免疫

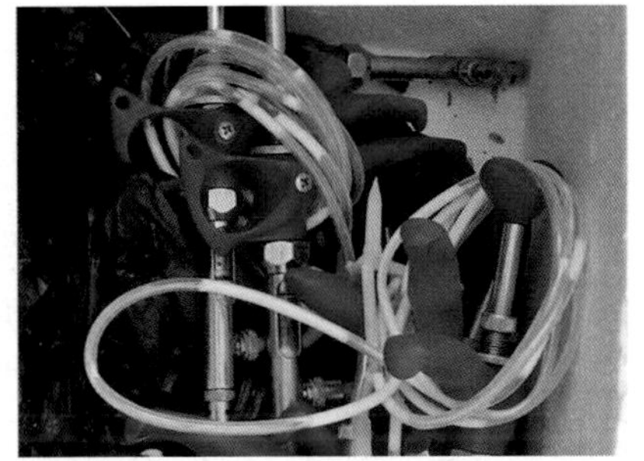

图 8-43　注射器用后要清洗

针管内残留的疫苗，同时用开水冲洗，眼观干净为止；然后休息或吃饭后坐下来单个拆开清理、消毒备用；只用开水冲洗是冲不干净的，否则残留的油剂在里面会起到很多不良影响：充当了细菌的培养基，同时还损坏里面的密封部件。

① 注意疫苗稀释的方法。冻干苗的瓶盖是高压盖子，稀释的方法是先用注射器将 5 毫升左右的稀释液缓缓注入瓶内，待瓶内疫苗溶解后再打开瓶塞倒入水中。避免真空的冻干苗瓶盖突然打开使部分病毒受到冲击而灭活。

② 为了减轻免疫期间对鸡只造成的应激，可在免疫前 2 天给予电解多维和其他抗应激的药物。

③ 使用疫苗时，一定要认清疫苗的种类、使用对象和方法，尤其是活毒疫苗。使用方法错误不仅会造成严重的不良反应，甚至还会造成病毒扩散的严重后果。对于在本地区未发生过的疫病，不要轻易接种该病的活疫苗。

④ 免疫过后，再苦再累也要把所有器具清理洗刷干净，防止对环境和器具造成污染，同时也防止油乳剂疫苗变质影响器具下次使用。

（六）预防性投药

预防性投药是在未发生疫病之前用抗菌药进行预防剂量给药。为防止病菌产生抗药性，还应采取几种药物交替使用的方法。应注意的是，放养鸡接近出售时应停止喂药，以免产生残留。为了确保产品的环保、绿色，要尽量使用中草药防病。连续投服药物，使鸡体内药物的浓度经常维持在一定水平，对大多数细菌性疾病和寄生虫病是能起到预防作用的。在生产实践中，放养鸡多发的疫病主要是鸡白痢、球虫病、大肠杆菌病和慢性呼吸道病等。

鸡白痢多发于 15 日龄以内的雏鸡，最早发生于 3 日龄。所以，预防药物应从 2 日龄起投服。一般一种药物连用 5 天后，改换另一种药物，再连用 5 天即可。但选择治疗药物前，最好先利用现场分离的菌株进行药敏试验。另外，根据农业部新发布的《食品动物禁用的兽药及其他化合物清单》，以往常用于预防和治疗本病的硝基呋喃类药物和氯霉素等都已被禁止用于食品动物，故选择药物前最好向有关部门咨询。

球虫病多发于 42 日龄以内的鸡只，最早发生于 10 日龄，但球虫对药物易产生抗药性，在预防用药时必须几种药物交替使用，一般从 10 日龄开始服药至 42 日龄，其间一种药物用 5~7 天后停 2~3 天，改用另一种药物。常用药物有氯苯胍、敌菌净等。

转群、预防接种和气候突变等，易使放养鸡感染大肠杆菌病或霉形体病，此时应在饲料中加药以预防，可投服 0.25 % 土霉素，连用 3~5 天。新霉素等亦可。

（七）适时断喙和驱虫

土鸡有相互啄斗习性（图 8-44），20~30 日龄为高峰，在雏鸡 6~10 日龄时进行断喙（图 8-45），减少饲料浪费和防止恶癖。

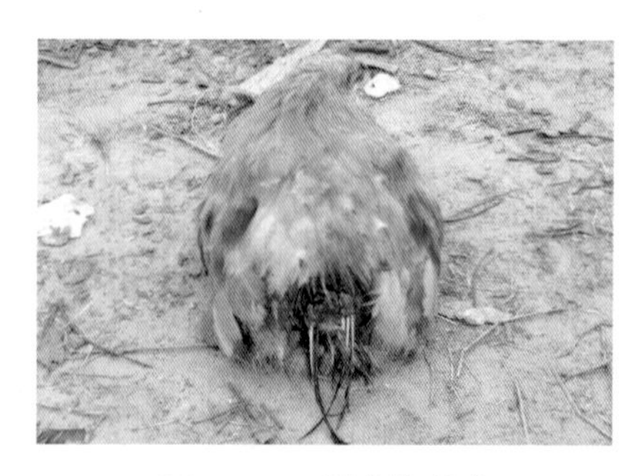

图 8-44　断喙防啄癖

图 8-45　及时断喙

由于放牧接触虫卵机会多，易患寄生虫病，特别是要重视球虫病的防治。在育雏12~15日龄、放牧21~30日龄，选用2~3种抗球虫药，每种药连用3~5天，轮换投喂；60~70日龄可使用左旋咪唑或丙硫苯咪唑等广谱驱虫药或者国内最好的虫力黑来进行驱虫。在晚餐时把药片研成粉料，先用少量饲料拌匀，然后再与晚餐的全部饲料拌匀进行喂饲。次日早晨要检查鸡粪，看是否有虫体排出，再要把鸡粪清除干净，以防鸡只啄食虫体。如发现鸡粪里有成虫，次日晚餐可以用同等药量驱虫1次，彻底将虫驱除。

（八）定期杀虫和灭鼠

老鼠偷吃饲料、惊扰鸡群，是传播疾病的媒介；苍蝇、蚊子是传播病源的媒介，所以每月要毒杀老鼠2~3次，要经常施药喷杀蚊子、苍蝇，以防疾病发生。

（九）实行“全进全出”饲养制度

实行“全进全出”饲养制度，可使放养场地有一段空闲时间。此时可集中进行全场地的彻底清理和消毒。这对控制那些在鸡体外不能长期存活的病原体是最有效的办法。对放养面积大的鸡场，可采用轮牧的放养制度。

三、散养土鸡疾病治疗原则

为体现散养鸡的口味、营养、绿色、保健的特色，让消费者要吃的健康，吃得安全。在散养鸡的常见疾病治疗过程中要以祖国传统的中药为主，少用或不用西药。原则如下。

① 以中药治疗预防为主，西药为辅。

② 以有益微生物治疗预防为主，以补给维生素、氨基酸为辅。

③ 以生物技术治疗预防为主，补给免疫增强剂提高机体抵抗力为辅。

④ 以淘汰有症状病鸡无害化处理，减少环境污染，加强消毒为原则。

⑤ 合理使用药物，能不用药时坚决不用药，能少用药时就少用药；严格遵守停药期规定，严禁使用违禁药。

第二节　散养土鸡常见病的防控

一、常见病毒性疾病的防控

（一）病毒性疾病临床要点

见表 8-1。

表 8-1　病毒性疾病临床要点

疾病	病原	典型临床症状和病变
新城疫	新城疫病毒	腿、翅、颈麻痹，腺胃乳头、喉头黏膜、肌胃角质层出血
传染性支气管炎	IB 病毒	喘、甩鼻、伸颈呼吸、肾肿、尿酸盐粪便、支气管黏液及栓子
传染性喉气管炎	ILT 病毒	喘、伸颈呼吸、咯血、气管内黏膜出血、溃疡、伪膜
禽脑脊髓炎	AE 病毒	角弓反张，腿、翅麻痹、震颤
鸡痘	Pox 病毒	冠、肉髯、喙、口腔痘斑
鸡病毒性关节炎	呼肠病毒	关节红肿、跛行、腱出血、断裂
传染性法氏囊炎	IBD 病毒	白色下痢，腿肌、胸肌条纹状出血，法氏囊浸润、出血
禽流感	禽流感病毒	冠、肉髯呈黑色，肉髯、眼睑肿胀，有“咯咯”音，皮下有黄色胶冻样液体，败血症
马立克氏病	MD	一肢或两肢麻痹，呈“劈叉”状，坐骨神经肿大，呈灰白色，内脏出现肿瘤结节

（二）综合防制措施

加强饲养管理，注重生物安全；严格消毒；建立科学的免疫程序；定期免疫监测，使鸡群始终保持达标的抗力；发生重大疫情时，应立即对全群实行无害化处理，对一般疫病则应采取隔离和淘汰早期病鸡。

（三）病毒性疾病用药原则

使用疫苗免疫预防，高免血清、卵黄抗体和抗病毒中药制剂；增强病鸡体质，缓减临床症状；抗生素控制继发感染；强心、排毒。

二、常见细菌性疾病防控

（一）细菌性疾病临床要点

见表8-2。

表8-2　细菌性疾病临床要点

疾病	病原	典型临床特征和病变	药物防治
大肠杆菌病	埃希氏大肠杆菌	心包炎、肝周炎、气囊炎、关节炎、输卵管炎	硫酸黏菌素、新霉素、氟苯尼考等
禽霍乱	多杀性巴氏杆菌	败血症，心冠脂肪出血，肝灰白色坏死灶	喹诺酮类、磺胺类
传染性鼻炎	嗜血杆菌	头部肿胀，绿便，鼻炎，鼻窦肿胀	磺胺类、链霉素、土霉素、喹诺酮类
葡萄球菌病	葡萄球菌	皮肤溃烂，化脓性关节炎，骨髓炎，爪坏死性皮炎	新霉素、青霉素、氨苄青霉素
慢性呼吸道病	霉形体	喘、气管啰音，气囊炎、干酪物，眶下窦肿胀	恩诺沙星、环丙沙星、红霉素、链霉素
鸡弧菌性肝炎、肠炎	弧菌	肝星状坏死灶、血肿、肠炎、内容物棕红色	土霉素、强力霉素、黏菌素
坏死性肠炎	产气英膜梭菌	粪黑带血，肝坏死，小肠鼓胀坏死，内容物带血	青霉素、链霉素、强力霉素
溃疡性肠炎	肠道梭菌	嗉囊内充满食物，小肠溃疡，脾坏死，肝坏死灶	青霉素、四环素、链霉素、喹诺酮类
曲霉菌病	曲霉菌	喘，肺炎坏死灶，肠炎，眼炎	制霉菌素、硫酸铜

续

<table>
<tr><th colspan="2">疾病</th><th>病原</th><th>典型临床特征和病变</th><th>药物防治</th></tr>
<tr><td rowspan="3">沙门氏菌病</td><td>鸡白痢</td><td rowspan="3">沙门氏菌</td><td>白色下痢，肝肿、“雪花”样坏死灶；肺灰黄色结节；心肌灰白色肉芽肿；盲肠柱状“肠芯”</td><td rowspan="3">敏感药物拌料。种鸡净化</td></tr>
<tr><td>伤寒</td><td>肝古铜色，粟粒大灰白色或浅黄色坏死灶</td></tr>
<tr><td>副伤寒</td><td>肝肿，古铜色，表面点状或条纹状出血及灰白色坏死灶；肺坏死；胆囊肿大；脾脏肿大，表面有斑点状坏死；心包炎，气囊炎，鼻窦炎、肠炎；盲肠内“栓子样”病理变化</td></tr>
<tr><td colspan="2">念珠菌病</td><td>念珠菌</td><td>嗉囊肿大、溃疡、伪膜</td><td>硫酸铜、制霉菌素</td></tr>
</table>

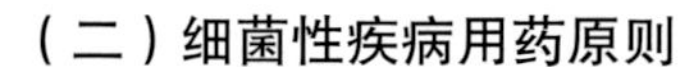

（二）细菌性疾病用药原则

使用敏感抗生素；增强体质，提高鸡只的免疫力；应用电解质，防止脱水；强心利尿，保肝护肾；使用缓泻药物，及时排除被杀死的细菌；消炎，控制体内毒素。

三、常见寄生虫病的防控

（一）寄生虫性疾病临床要点

见表 8–3。

表 8–3　寄生虫性疾病临床要点

疾病	病原	典型临床特征和病变	防治措施
球虫病	球虫	盲肠出血、血便，小肠点状出血或针尖大灰白色坏死灶	马杜拉霉素、地克珠利、盐霉素
组织滴虫病	组织滴虫	冠头发黑，肝坏死灶，圆形硬币状盲肠栓子、同心圆状	磺胺类药物

续

疾病	病原	典型临床特征和病变	防治措施
住白细胞原虫病	住白细胞原虫	贫血，白冠，心肌、肠系膜灰白色结节，肠道有扁平白色结节	磺胺类药物
绦虫病	赖利绦虫	虫体，肠内容物有大米粒状白色虫卵	硫双二氯酚、氯硝柳胺
蛔虫病	蛔虫	白色稀粪，肠腔可见大小不等的成虫	左旋咪唑，伊维菌素

（二）寄生虫性疾病用药原则

药物要严格按照药物说明执行，避免引起鸡体中毒；增强病鸡体质，缓减临床症状，防止其他病原微生物疾病的继发。

附　　录

生产 A 级绿色食品禁止使用的兽药

序号	种类		兽药名称	禁止用途
1	β－兴奋剂类		克仑特罗、沙丁胺醇、莱克多巴胺、西马特罗及其盐、酯及制剂	所有用途
2	激素类	性激素类	己烯雌酚、己烷雌酚及其盐、酯及制剂	所有用途
			甲基睾丸酮、丙酸睾酮、苯丙酸诺龙、苯甲酸雌二醇及其盐、酯及制剂	促生长
		具有雌激素样作用的物质	玉米赤霉醇、去甲雄三烯醇酮、醋酸甲孕酮及制剂	所有用途
3	催眠、镇静类		安眠酮及制剂	所有用途
			氯丙嗪、地西泮及其盐、酯及制剂	促生长
4	抗生素类	氨苯砜	氨苯砜及制剂	所有用途
		氯霉素类	氯霉素及其盐、酯（包括琥珀氯霉素）及制剂	所有用途
		硝基呋喃类	呋喃唑酮、呋喃西林、呋喃妥因、呋喃它酮、呋喃苯烯酸钠及制剂	所有用途
		硝基化合物	硝基酚钠、硝呋烯腙及制剂	所有用途
		磺胺类及其增效剂	磺胺噻唑、磺胺嘧啶、磺胺二甲嘧啶、磺胺甲噁唑、磺胺对甲氧嘧啶、磺胺间甲氧嘧啶、磺胺地索辛、磺胺喹噁啉、三甲氧苄氨嘧啶及其盐和制剂	所有用途

续

序号	种类		兽药名称	禁止用途
4	抗生素类	喹诺酮类	诺氟沙星、环丙沙星、氧氟沙星、培氟沙星、洛美沙星及其盐和制剂	所有用途
		喹恶啉类	卡巴氧、喹乙醇及制剂	所有用途
		抗生素滤渣	抗生素滤渣	所有用途
5	抗寄生虫类	苯并咪唑类	噻苯咪唑、丙硫苯咪唑、甲苯咪唑、硫苯咪唑、磺苯咪唑、丁苯咪唑、丙氧苯咪唑、丙噻苯咪唑及制剂	所有用途
		抗球虫类	二氯二甲吡啶酚、氨丙啉、氯苯胍及其盐和制剂	所有用途
		硝基咪唑类	甲硝唑、地美硝唑及其盐、酯及制剂等	促生长
		氨基甲酸酯类	甲奈威、呋喃丹（克百威）及制剂	杀虫剂
		有机氯杀虫剂	六六六、滴滴涕、林丹（丙体六六六）、毒杀芬（氯化烯）及制剂	杀虫剂
		有机磷杀虫剂	敌百虫、敌敌畏、皮蝇磷、氧硫磷、二嗪农、倍硫磷、毒死蜱、蝇毒磷、马拉硫磷及制剂	杀虫剂
		其他杀虫剂	杀虫脒（克死螨）、双甲脒、酒石酸锑钾、锥虫胂胺、孔雀石绿、五氯酚酸钠、氯化亚汞（甘汞）、硝酸亚汞、醋酸汞、吡啶基醋酸汞	杀虫剂

参考文献

[1] 申李琰，等 . 土蛋鸡高产饲养法 [M]. 北京：化学工业出版社 .2012.
[2] 朱国生，等 . 土鸡饲养技术指南 [M]. 第 2 版 . 北京：中国农业大学出版社 .2010.
[3] 何俊 . 果园山地散养土鸡实用技术 [M]. 长沙：湖南科学技术出版社 .2013.